渡过 2

接纳是最好的治愈

张进 编

中国工人出版社

我这十年——《渡过》系列再版序言

张　进

光阴倏忽。转眼间,《渡过1：抑郁症治愈笔记》(下文简称“《渡过1》”)出版已经七年，我的人生也为之改写。这次中国工人出版社打算把《渡过》系列三卷整体修订再版，嘱我写序，我得以重新审视过往的岁月。

(一)

从2011年到2021年，是我人生最跌宕起伏的十年。

先是一场不宣而至的抑郁，在七个月时间里彻底摧垮了我，那是我人生的最低谷；尔后，没有任何过渡，突如其来的转相，带给我全新的生命体验，激发了我的活力和创造力。幸运的是，我没有像很多抑友那样陷入一轮轮躁郁循环，而是渐趋稳定(我后来称之为“软着陆”)，并成就了“渡过”的事业。回望过去，我总有一种无法言说的感慨。这十年的命运，哪些掌握在上苍手里，哪些是由我自己安排，不得而知。

唯有感恩。

是的，感恩。“渡过”的事业其实很艰难，我能坚持不懈做到现在，多半是因为我怀有感恩的心态。

2015年8月，《渡过1》出版，当即获得意想不到的成功。但今日重读，我已经无法想象，自己怎么在短短三年内，从对精神健康领域一无所知，到洋洋洒洒写出这本书。重要的还不是内容，而是写作的姿态：那样的胆大妄为，那样的不由分说，那样的舍我其谁——以十年的跨度看，我不得不承认，《渡过1》带有轻躁的色彩。

幸运的是，即使以今天的标准看，这本书的内容，包括其中很多断言，都没有大错。这可能归功于我20多年新闻职业生涯的训练，使我对新事物有一种直觉感受能力和整体把握能力。

比如，2015年的我，并未听说过现代医疗模式，但全书的结构——“他渡”（医疗）、“自渡”（心理）、“渡人”（社会）——却和现代医疗模式的“生物、心理、社会”完全吻合。冥冥之中感觉手中的笔不是掌握在我自己手中，而是一种命定。

但毕竟，囿于个人体验的局限，《渡过1》对抑郁的认知是不完备的。比如，过于推崇药物治疗，对心理治疗的论证则很粗浅，对社会支持的理解还很朦胧；很多观点缺乏论证，激情有余，理性不足。

《渡过2：接纳是最好的治愈》（下文简称“《渡过2》”）则是阶段性的产物。2016年，挟《渡过1》成功之势，我创办了

“渡过”公众号，半年内如井喷般积攒了一批文章，在此基础上编辑出版了《渡过2》。纵向来看，《渡过2》的意义，是促使我从药物转向心理，这从副标题已经可以体现——接纳是最好的治愈。

时光之水流到了2017年。继《渡过2》之后，我对抑郁的认知从心理层面进入社会层面。我清楚地记得，2017年除夕，我在灯下给“渡过”公众号写新年献词。我想到：在“渡过”社群，我结识了许许多多抑郁症患者，由于病耻感的存在，主流社会对他们的了解是扭曲和变形的，充斥着各种似是而非的想象。抑郁症患者的真实面貌，他们和自身性格，和家庭、社会、时代的复杂关系，从未被揭晓。

那么，如何更准确、更深刻地理解抑郁症？结合往日新闻工作经验，我萌生一个愿望：以“渡过”公众号为依托，去全国各地寻访有代表性的患者，参与他们的生活，和他们一起动态地研究抑郁症成因，总结应对抑郁症的成败得失，以此为当代中国的抑郁症现象，提供一个真实、完整的解释。

由此，2017年4月，我决定放弃新闻职业，漫游全国，采写《渡过3：治愈的力量》（下文简称“《渡过3》”）——这个决定，是否仍然带有轻躁的成分？不得而知。我能判断的是，在《渡过3》采写过程中，我渐渐回归理性。只是和《渡过1》相比，《渡过3》非常艰难，其间至少有三次打算放弃，只因不能回头，才咬牙坚持下来。

现在看，《渡过3》对我的价值是：其一，采访和写作历时一年，其间我对抑郁症形成了较为完整和独特的认知框架，这是我此后一切作为的指导思想；其二，《渡过3》为“渡过”的事业准备了队伍。从传播知识到解决实际问题，首先需要人，“渡过”的第一批骨干，很多都出自《渡过3》采写过程。

从这个意义上说，《渡过3》不仅是一本书，还是一个路标，一幅路线图。

（二）

十年前，我从重度抑郁中挣扎而出，出于对未知世界的好奇，一步步走上了研究和传播精神科学的漫漫长途。于我而言，这是一片神奇莫测的彼岸彼土，有绮丽的风景，有无穷的可能性；复杂深邃，变幻无穷。

十年来，对于抑郁的认知，我经历了一个螺旋式上升的历程。肯定、否定、否定之否定……这是一场思想的盛宴，散魂而荡目，迷不知其所之。

纵向看，我的观点是不断变化的。我曾经是坚定的“科学”派，认为只要吃药，抑郁症就一定能治好；再往后，我看到了心理治疗的作用，也发现离不开社会支持和个人的努力，包括世界观、价值观和人生观的提升。

故此，利用这次再版《渡过》系列的机会，我集中梳理一下我的核心观点，构成一个逻辑闭环，作为对《渡过》系列的补正。

一、抑郁是一连串事件的结果，要以“生物—心理—社会”

现代医疗模式作为应对抑郁的方法论。

抑郁不是简单的心理问题，也不是单一的躯体疾病，而是生物、心理、社会三方面因素在漫长的岁月里共同作用的结果。因此，当我们研究精神现象，或面对具体案例时，需要形成“四维坐标”——竖轴，分别是生物、心理、社会；横轴，是时间。有了这个坐标系，我们就能迅速、准确地定位抑郁，在一个时间跨度内，从“生物—心理—社会”三个方面寻找病因，分析内外环境，从而制定整体疗愈思路。

二、抑郁的本质是人体对于耗竭的消极自我调整，是对人体的警讯和自我保护。

“抑郁”两字重在“抑”而不是“郁”。“郁”是“郁闷”，“抑”则是“抑制”，是身心功能全面低下导致的失能状态。抑郁的原因千差万别，根本因素是能量耗竭。人的生命能量是恒定的，当一个人过度操劳，透支生命，体力、精力逐渐流失，人体便启动神经递质调节机制，阻断快感，抑制部分功能，强行减少活动，节约能量，让人休养生息。

从这个意义看，抑郁并非灾难，而是大自然主宰的物种延续进化出的生存策略，是对人的警讯和保护。它不仅是一个疾病现象，还是一个生命现象、社会现象和文化现象，是人类整体生活方式的问题。应对抑郁，需要采取药物、心理、运动、社会支持、价值实现等各种方法，对自己做全方位的调整和升级。

三、抑郁是一种具有自限性特征的疾病，可以自行缓解，对于康复要有信心，同时又要有耐心并积极治疗。

所谓“自限性”，是指疾病发生发展到一定程度，靠机体调节控制病情发展，病程自动停止，逐渐好转。最常见的自限性疾病是感冒，因此有人把抑郁症称为“心灵感冒”。由于抑郁症的背后是能量的消长，它也就如同感冒一样具有自限性特征，可以自行缓解，并不一定越来越重，而是时起时伏，周期发作，循环往复。不必担心抑郁症会变成重性精神疾病，或给人带来不可逆的器质性损害。

因此，我们需要保持信心，坚信抑郁一定能治好；同时又要保持耐心，要采取药物、心理、运动等各种方法积极治疗，而不能消极等待自愈。

四、抑郁症个体差异很大，没有最好的治疗方式，只有最合适的治疗方式。

在全球范围内，抑郁症的机理尚不明确。不同个体病因不同，症状不同，对治疗的反应不同，预后也不同。每个患者都是独特的，不存在一个“放之四海而皆准”的标准化治疗方案。不能寄希望于某种灵丹妙药，而要从“生物—心理—社会”三个方向通盘考虑；这三个方向的治疗方案如何组合，也要结合患者的个体差异，随时调整。这是一个试错的过程，最重要的是耐心和信心。无论医生还是患者，都要以包容的、开放的心态，寻找最合适的治疗方式；而适合自己的，才是最好的。

五、抑郁症是一个谱系障碍，病与非病没有明显的分界线。

抑郁症不是一种病，而是一类病，是对多种症状的统称。其临床表现千变万化，但如果抽象概括，它们又具有共同或相似的症状，呈现渐变的特征——这正是光谱的特性。

彩虹由七色光谱组成，但仔细观察会发现，这光谱中还有无数种颜色，在赤橙黄绿青蓝紫之间细微过渡，最终才成就七色光谱梦幻般的绚丽多彩。由此抑郁症可以视为一个谱系障碍，每一个人都在这个精神健康谱系的不同位置上，处于不同的发展阶段。因此，对于抑郁症，不必过于在意诊断（这往往是多变的），而需要根据症状制定多维度和个性化的治疗方案，并选择恰当的干预时机。同时也应该懂得，抑郁没有分水岭，病与非病没有明确的分界线，应该打消病耻感，保持自我觉察，未雨绸缪，努力让自己处于良好的生命状态。

六、药物治疗是抑郁疗愈首选项，心理治疗是必选项。

在目前各种抑郁疗愈方案中，药物治疗是基础。它绕过病因，以消除症状为目标，是对抑郁直接、快速、硬性的矫正，并为心理治疗等其他疗愈方式赢得时间和空间。很多人对药物治疗有疑虑，觉得药物治疗有副作用，见效慢，治标不治本，容易复发。但无论如何，药物治疗有循证依据，可操作、可复制、可验证、可重现，是相对最可把握的选择。

心理治疗则是另一个有效路径，其原理是通过调整来访者心态，消除内心冲突，改善神经过程，减少自我消耗和自我攻击，从而保护和补充生命能量，获得根本疗愈。由此看，心理治疗应用范围广，涵盖整个病程的所有治疗阶段，是治疗抑郁症的必选项。但心理治疗成本较高，有着严格的限定条件。心理治疗的本质是自我疗愈，如果下决心做心理治疗，就要学习心理学原理，找到自己的刺激点，明确要解决什么问题，然后谨慎评估自己的条件，找到相匹配的咨询师并积极配合治疗。

需要特别说明：药物治疗和心理治疗是不排斥的，完全可以同步进行，或交替进行。

七、社会支持是药物治疗和心理治疗的组成部分。

人是社会性动物，是环境的产物。人的一生，其生理和心理状态时刻受到环境和压力的影响。从病因看，和环境毫无关系的抑郁几乎不存在；从治疗看，抑郁康复和环境也息息相关。如果没有一个友好的支持性环境，患者千辛万苦取得的疗愈成果就会毁于一旦。因此，无论药物治疗还是心理治疗，都必须同步社会环境支持，就像人不能离开空气、鱼不能离开水一样，不可分割，不可或缺。

八、应对抑郁症，根本在自救。

和躯体疾病相比，精神疾病的疗愈更依赖于个体努力。如果一位患者选择药物治疗，则要遵从医嘱，“足量足疗程”，不要轻易减药、停药；如果选择心理治疗，就需要有足够的勇气来直面内心深处的黑暗和阴影，不断发现自己、创造自己，并要反复练习，才能改变认知和行为模式。因此，行动是抑郁疗愈不可缺失的环节，良好的心态、健全的认知行为结构、成熟的防御机制、强大的抗挫折能力，都需要在行动中逐渐获得。正是在这个意义上，抑郁症疗愈的本质是自救。

九、最深刻的疗愈是人的整体提升。

精神障碍的本质是冲突。与环境冲突，与社会冲突，与自我冲突。人最高的境界是内心的平静和满足，其要义是与自己和解，以审美的态度看待世界，以及自我价值的实现。因此，药物和心理治疗都是“术”，而价值重建、自我实现才是“道”。通俗地说，抑郁的彻底康复，是两句话，“努力做一个高尚的人”“努力做一点有价值的事情”。

最后做一个总体概括：

抑郁的根本特征是人体机能抑制，其原因是身心俱疲导致能量耗竭。因此，抑郁的本质是人体对于耗竭的消极自我调整，积极的办法是从生物、心理、社会三方面补充能量、节约能量和恰当使用能量，根本路径则是生活方式调整和人的整体境界提升。基于此，“渡过”的指导思想和使命是：以自身能力为约束，以敬畏之心设边界，紧贴社会需求，构建第三系统，践行陪伴者计划，打造生态疗愈模式，探寻完全、实用、个性化、有温度的中国特色心理健康之路。

（三）

以上，是我继《渡过》系列之后，于 2019 年最终形成的抑郁整体认知框架。这是一条“实践—理论—实践”的螺旋式上升之路，“渡过”的理论基础由此确立，并指引“渡过”的事业走过了科普和社群互助两个阶段，进入解决问题阶段。

相较于前两个阶段，寻找抑郁解决方案阶段有质的不同，从此“渡过”走进了一个凶险莫测的领域，这对我们又有巨大的诱惑——价值实现。这不是终点，因为对人类精神世界的探索是无止境的，将来我如果有新的思考，还会随时更新。

意大利历史学家克罗齐说：“一切历史都是当代史。”今日回顾，从《渡过 1》到《渡过 3》，我能清晰地看到我个人的思想演变和时代的痕迹。我曾自问：《渡过 1》已经属于历史，是否还有再版的必要？很多友人给了我肯定的答复，他们说：你成长道路上的每一步，都是有价值的；历史会不断重演，不同的人自然会从你的历史真实中获得自己需要的东西。

巧合的是，2019 年，我完成“抑郁完整认知框架”系列后，颇为自得，却有一位读者在文后留言说：“作者痊愈日久，对抑郁症已没有当初的直接感受，写的文章开始脱离患者实际，开始显得高大上、大而全，反而没有《渡过 1》那样能直达患者心灵。”——这个评价让我既愧且喜。

故此，我也很愿意再版《渡过》系列，除去对个别硬伤作必要的修正，不做大幅增删，为的是保持原文风格，让今天的读者能够看到当年真实的我，真实的心路历程。

十年回首，从人生最低谷，到转相，到高点飘移，再到软着陆，这是一条艰险之路，容不得半点闪失。这条路如何一路走来？最终通向哪里？仍需继续探究，并以未来时日检验。

最后用《基督山伯爵》中的一句话与读者共勉：“直至上帝

向人类揭示其未来计划之日，人类的全部智慧都集中在这两个词之中——等待和希望。”

张进

2022年1月

序言

作为疗愈的写作

（一）

2015 年 9 月下旬，《渡过 1：抑郁症治愈笔记》（简称《渡过 1》）出版。一天，我的小同事蓝方对我说："张进老师，你只出书，传播量还是太小。应该做一个公众号，让更多的读者看到。"

听从她的建议，我尝试着建了一个公众号。在"开篇的话"中，我写道："因应我的新书《渡过 1》出版，本微信公众号正式开通，且与书同名，旨在科普抑郁症知识，记录有价值的病例。真实原创，知行合一，自渡渡人。"

因工作太忙，以及自己微信技术不熟练，公众号建立后，一直搁置，未予启动。某日，另一位小朋友——中山大学新闻传播学院硕士生穆昕，《渡过 1》一书中《抑郁病房日记》的主角——对我说："张进老师，我帮你把公众号做起来吧。"

于是，她辛辛苦苦把《渡过 1》一书中的重要章节，一篇一篇搬到公众号上。筚路蓝缕，功不可没。

（二）

2016年春节过后，穆昕换了工作，一下子忙了起来，没时间再管公众号。我只好亲自上阵，继续把《渡过1》的内容朝公众号上“搬运”。

那时，公众号上都是我一个人的文章。直到有一天，收到了洁轩小朋友的信。

洁轩是书中《寒冷的微笑》的主角。她患病一年，已经痊愈。在给我的信中，她叙述了自己这一年的经历，最后说道：“从接到姐姐（指我的同事李妍）那个电话开始，从我踏入张进老师办公室开始，就是我的新生。”

我觉得她的治愈经历，可以给其他患者以信心。于是就征求她的意见，可否编成一篇文章发表？她欣然允诺，甚至勇敢地表示可用真名。于是，公众号上发出了第一篇来稿：《曾经以为我的世界就这么坍塌，现在看来只是新的开始》。

（三）

洁轩这篇文章在读者中引起了共鸣。一天之内，患者信息不断。我突发奇想：既然这么多读者愿意分享他们的感想和经历，何不约他们写稿呢？

我想起我的一位患者朋友，名叫兰心。她的丈夫患抑郁症，在她的眼前坠楼。半年过去了，她还没有从痛苦中挣扎出来，总是陷于深深的内疚、自责中。

我和她断断续续交流已有很久，彼此信任。于是我问她，是否愿意把她的经历、想法写一写？对其他人会有用的。

她答：愿意，但我从来没有写过文章啊。

我鼓励她：没事，你只要把你的经历、想法记下来就行。怎么想就怎么写，完全不用考虑是在写文章。

几天后，打开邮箱，她的文章跳了出来。我看了看，回信告诉她：感受太多，事情太少；细节要多一点儿，越细越好；至于感受，纯粹个人情绪化的，不要太多。

就这样来回修改了几次，文章丰满了许多。我正式开始编稿，字斟句酌。修改的地方，都请她确认。最终定题为：《丈夫抑郁离去，一位妻子的悔恨和反思》。

文章发出后，好评无数。我向她表示感谢，并给她发了一个100元红包作为稿费。她谢绝了。

她说："这次写作，我对自己像外科手术一样地剖析"；"这对我来说是一次心灵的梳理和情绪的释放，我更深刻地了解了我自己"；"只能放下过去，面对未来"。

过去我也曾这样劝慰过她，没有效果；现在她自发认识到这些道理，这是写作带来的吗？

又过了几天，她发来一段话："张进老师，我儿子看到了我的这篇文章，认为是他造成了爸爸的悲剧，很难过，我应该怎么办？"

我回答："你对儿子说，世界上因果关系无限。有的是一因多果，有的是一果多因，有的是多因多果。我们永远无法对自己的某一行为负无限责任，但求心安。"

（四）

我的另一位好友刘野，是一位中学英语老师，曾经重度抑郁，后通过元认知干预技术治愈。再往后，她自学这门技术，帮助了很多人。我请她给公众号写稿。她积极主动，连写带约，至今贡献了三篇文章。

她是一位优秀的英语老师，同时也是称职的元认知咨询师。不过，对于写文章，不甚在行。最大的问题是，心里什么都明白，就是不知道如何表达。谈的时候，头头是道；写出来一看，却不是那么一回事儿。

好在我们已经很熟，她的文章来了，我毫不客气，大刀阔斧，发回给她补充、订正。有一天，她对我说："你能把你的改稿给我看看吗？"我说："就是发出来的那样。"她说："我是想把你的改动和我的原稿对照一下，看看你是怎么改的，好提高水平，省得你总说我笨。"

我很惊喜：平常工作中，我就是这么教我的记者学写作的，想不到她竟然无师自通。

后来，我总结了一下初学者如何学习写作的想法，发在我的朋友圈："你就把写文章当成说话，怎么想就怎么说。先把想说的录下来，整理成文字；再分段落、分层次；再加开头、结尾；再修改字词。那落在纸上的就是文章。”

（五）

始料未及地，约读者写稿，给他们改稿，给我带来很多快乐。

很多患者，一辈子都没有写过和发表过文章。我想，我干新闻 28 年，当编辑 16 年，一直都是带我的记者们写稿。现在，就算用我多年所学，来回馈社会吧。

另外，对患者来说，写作恐怕还有疗愈的作用。

我曾经在一次讲演中，表达了这样一个观点：写作是心灵秩序重建的过程，也是自我心理治疗的手段。

为什么？因为写作是抽离的。沉浸于写作中，重新经历往事，感受消逝的过去，却超然其外，对自己、对世界可能看得更清楚。

从心理建设的角度看，写作无异于清理自我，和自我对话。写作又是一个把思维片段逻辑化的过程。在自己的故事里，不断地发现自己、创造自己；在理解中，带出新的灵感、意念、感受，转化为新的行动。这和心理医生的功能非常接近。

当然，这不一定是一件轻松愉快的事情。面对过往的伤痛，常常会有逃离的冲动。但是，当直面内心，在故事的叙述中，你可以收获感动。这是一种自我拥抱，带出温柔的力量，抚慰伤痛的心，如同抽丝剥茧，把生命的真相逐层揭开。

我想，这就是“作为疗愈的写作”。

（六）

自今年春节后，“渡过”从我个人小天地，转为公众平台始，中国工人出版社的编辑就考虑把公众号上的文章出版成书，编辑工作同步展开。

至2016年5月上旬，已经积攒了一大批文章。优中选优，分为上、中、下三篇。上篇“幻象”，是患者诉说疾病感受；中篇“光明”，是患者交流康复经验；下篇“知行”，是医生、咨询师、专家记录案例，科普知识。

书名，想来想去，都不合适，干脆偷懒，定名为《渡过2》。当然也加了一个副标题，“接纳是最好的治愈”。

在全书即将编定的时候，7月1日，“渡过”公众号粉丝破万。

当今几十万、上百万粉丝的公众号动辄可见，1万粉丝不值一提。但这对我是一个鼓舞。感谢读者，感谢作者，感谢中国工人出版社的编辑。

期待《渡过3》。

张进

2016年7月1日

目录

幻　象

光 明

知　行

后记

ACCEPT

如我所见

幻象

题记

你所认为的幻象，其实是我的精神世界

经历过精神疾病困扰的人，或多或少都有过幻象。有些患者在幻象的控制下，能看到别人看不到的东西，听到别人听不见的话，有着别人体会不到的内心感受。在局外人看来，这似乎有些不可理喻。他们不会知道精神疾病患者所经历的世界。

所以，对精神疾病患者，全社会要多一份同理心、同情心；也请他们的家属相信：你们所爱的这个人，是真的需要你们帮助。也许只是多一点儿耐心和理解，就能够挽回一条生命。

一位急短障碍患者的心路历程

本文作者曾经患急性短暂性精神障碍，现已痊愈。在6年的病程中，她多次感受过幻象。现在，她愿意把这一切写出来，想让大家知道，那些看似失去理智的人，曾经经历过怎样的心路历程。

不期而至的幻象

幻象中的我，对自我认知非常模糊，是一种无法控制的力量，驱使大脑做出极端反应。

那是我婚礼前三天的事情，整个过程只有短短数个小时，从上午持续到晚上。再后来的事情，我基本不记得了。

那次发病，是因为部门筹备了一个活动，我作为统筹筹备了大半年，其间经历了很多的修改和变动。就在发布会当天，我发现自己不太正常，紧张到全身发抖，生怕出现一点儿问题。

一切看起来都很顺利，但是活动结束后，我并没能轻松下来，脑子里像过电影一样回顾整个过程。很奇怪，当时只是回顾了不顺利的事情，完全忽略了最终结果的成功。我开始自责，自责很多事情都没有做好，这让我身心疲惫。当晚，我失眠了。第二天开始，我渐渐不怎么说话，从紧张状态转换为抑郁，我变得行为迟缓。

那天正好是周末。老公让我陪他去试穿婚礼当天的西服。他试穿的过程我完全不记得，只记得自己呆呆地站在那里，时不时唉声叹气。服务员看到我，以为我对他们的衣服不满意，专门过来赔笑脸，我却没有了回应的能力。

第二天晚上，我又失眠了。我把之前的药都拿出来，加大剂量吃了很多，但还是睡不着。我穿上衣服，跑到外面的河边坐着，躺在草坪上，脑子里不知道为什么会出现“落叶归根”四个字。突然想到我爸妈已经年过半百，我却没能好好照顾他们，自责的情绪又再次让我崩溃。

我不停地哭泣。当时大概是半夜三点，有一个人正好路过，看到我一个人在河边坐着，好心过来问我到底怎么了。我说了句“没事”就匆匆回到家，在客厅里面呆坐着。

不知过了多久，老公突然醒了，看到外面灯亮着，出来看到我像鬼一样坐在那里，他问我怎么了，我突然崩溃，哭喊着说：“我睡不着，我睡不着！”当时的痛苦也许没有经历过的人是不会明白的。

另一个世界

第二天早上，老公带着我来到了安定医院。等待就诊的过程中，我出现了幻象。我开始非常敏感，周围的人在咳嗽、窃窃私语、大笑，这些平时看似普通的动作，却让我感受到了极强的攻击性。我跟老公说，这里有人在监视我们。他无动于衷，让我安静睡觉。

有几个女人带着尖锐的笑声从我身边走过，嘴里还在说些什么。我脑子里面的诠释就是，“这是几个媒体的记者，她们是来看我这个精神病的”，她们背着我说：“原来就是她呀！”

我想逃离，于是去厕所。刚一站起来，旁边一个老头儿突然咳嗽了起来，他一定是在给他的同伴发信号，让他们盯着我。我开始四处寻找他的同伴，有些人也许是看到了我怪异的眼神，用更加怪异的眼神回应着我。我不敢再进一步行动，只能假装什么事情都没有发生，在那儿看手机，刷朋友圈。

更加奇怪的事情发生了。我看到的每一条朋友圈内容，都在指向我。他们都在嘲笑我，说我进医院了。他们都在看直播，即使是身在国外的朋友，也发表了类似的内容。

我开始一点儿一点儿地崩溃，我知道自己在英国的经历被之前的同学挖了出来，成为他们的笑料。我意识到这所医院有无数的隐形摄像机在对着我，我成了全世界的焦点，每个人都在看我下一步会做些什么。我突然意识到，全国人民其实都在悄悄关注着我，在微博上追踪我这个从英国潜逃回北京的精神病。

我焦躁不安，想要逃离这里，想把一切都告诉老公，让他跟我一起逃离。这时，我发现他也成为阻止我离开的一员。他拦截我，不让我四处乱跑。突然一个恐怖的念头在我脑子里出现：原来他不是和我站在一起的，我被这个世界孤立了。他是整个计划中的一部分，把我带到这里，囚禁起来。

我孤立无援，整个世界都在监视我。我害怕，不停地喝水，不停地去厕所，然而嘴巴依旧干涩。我要求出去买瓶水，老公在小卖部外面等候。卖水的大叔突然对他的孩子说：这个人这么丑啊。我突然意识到，自己已经上了通缉令，电视可能早就报道了我，说“脸上有一块斑的女子，是全世界通缉的囚犯”。吓得我丢下钱跑开了。

在安定医院门口，老公要求吃一个鸡蛋灌饼当早餐。我颤颤巍巍地站在那里，看卖鸡蛋灌饼的人做我们的那份。突然身边有两个人聊了起来，我只记得一句话：“祖坟都没有了，全家都强拆了。”我终于又崩溃了。

当时的意念就是，有人到我老家，挖了家里的祖坟，把我爸妈都给关了起来。于是我疯了一样要求我老公给我妈打电话。奇怪的是，电话怎么都打不通。我当时立刻明白，原来我不是精神病，而是触动了权贵，他们派遣的间谍在这里监视我，冻结了我的银行卡，抓走了我的父母，让我和我老公身无分文，流落街头。这样，他们的秘密就不会被我知道。

这时，一辆豪车停在了我面前。车窗摇开，出现一张富二代的脸。他鄙夷地看了我一眼，摇了摇头，走了。我知道他不是富二代，他一定是高官的儿子，听说有精神病被困在这里，出于好奇他来看了看我。

我是谁

回到医院，我不再挣扎，也不再想要逃脱。我镇定下来，心想：你们既然想要跟我玩游戏，我就陪你们玩到底。

我开始对身边我认为是间谍的人微笑，问：你们不累吗？我看着都累了。每个人都很诧异，不知道我在说什么。我知道他们在装，因为他们不能让我看出来他们是来监视我的。因为我很厉害，我可能影响了整个国家的政局。

终于轮到了我看病。我问医生：你累不累啊？你不累吗？一遍一遍地重复问。我感受到周围的人殷切盼望着医生给我做出诊断，仿佛这会是影响整个世界的一个结果。

那一刻我终于明白了，我为什么被这么多人看着。因为他们害怕我，《圣经》里曾经记载，基督耶稣会再次降临到这个世界，这时必将是末日的审判。而我，就是那个再次降临世界的基督耶稣。

不过，他们发现，这次降临的却是一个脸上长着一块斑的怪胎。她搅乱了整个世界的格局，让中东战争不断，她是一切一切的罪魁祸首，她必须死。这样，世界才能够和平。

老公骑着小摩托车带着我回家。经历了这一切的我，极度疲惫。我要死，背负全世界的罪恶而死，我好累。我看到警车跟随着我，整条马路变得异常宽阔，仿佛除了我们就没有其他人。

他们是想让我快点儿死的，我慢慢闭上眼睛，只要侧过身，就能从车上摔下来。运气好的话，还能被车轮碾轧几下，应该会死吧。

我试了很多次，内心深处的意识没有允许我这样做。我还是乖乖回到了家里。吃药、睡觉，幻觉一直持续了整整一下午，直到晚上。

后续的经历就不再一一详述。所庆幸的是，我终于睡着了。醒来之后，我恢复了正常，幻象不再。虽然还是很嗜睡，但我正常地参加了婚礼。

梦醒时分

之前经历的种种，现在想起来，就像是一场梦。

每次生病，我都像是一个没有长大的孩子，完全失去了所有的自理能力。而我现在能够健康地生活，完全是因为家人的支持。他们细心地记录我每次吃药，记录每种药物的作用和副作用，在我生病的时候接纳我的一切怪诞行为和不着边际的话语。我感谢他们，让我能够成为现在的我。

在我看来，每一个经历精神疾病困扰的病友都是孩子，不要用大人的理性和行为规则去强制地要求他们。他们生病，也许就是因为内心深处不再想要被束缚。只是理智不允许潜意识背叛，他们才会出现各种精神的扭曲。

就让他们在生病的时候，做一回孩子吧。只有家人的支持和理解，才能让这些“孩子”真正再次健康长大。

作者◎Sarina

每一个经历精神疾病困扰的病友都是孩子，不要用大人的理性和行为规则去强制地要求他们。他们生病，也许就是因为内心深处不再想要被束缚。

两个不同的我，交替出现在同一个身体里

双相情感障碍与抑郁症是两种机理不同的疾病，它是一种既有抑郁发作、又有躁狂发作的疾病。二者交替循环发病，一个阶段化悲为喜，一个阶段又转喜为忧。仿佛有两个不同的人，交替出现在同一个身体里。

“舅舅，你都快 40 岁了，天天待在家里，不去工作，还要外婆外公养，外婆外公死了你怎么办啊？”9 岁的小外甥又开始教训我了。

是啊，一表人才的我曾经是父母的骄傲、家族的希望。从小就成绩优秀、能说会道，小学、中学、大学一直是文艺积极分子，晚会的主持人，演讲赛的最佳辩手。一下课小朋友就围着我，要我给他们讲杨家将、薛家将、神雕侠侣的故事，博学多才

是大家对我的一致看法。

而我自己却感到一丝奇怪：这么能表现，大场合一点儿都不怵，和小伙伴在一起时却没什么话，关系也处不好。

好像有两个我，一个阳光豁达积极，另一个内敛拘谨懦弱，同时藏在我的身体里。

躁　郁

1999 年 8 月 19 日，我永远不会忘记的一天。

我在大学读的是旅游管理专业，当时在一家旅行社实习，带客人游览上海。突然那天，我觉得说不出话，不敢看人的眼睛，动作思维明显减慢，脑子重而沉，觉得脑子里有一股力量把我往后拽。

我感觉不对劲儿，就去上海精神卫生中心看门诊。先是填了量表，医生问了我一些问题，确定我是抑郁发作，就配了安拿芬尼（老款的三环类抗抑郁药）。

只吃了四天，我就感到脑子里的那股力量要往外喷射出来，人完全变样了。不睡觉也感觉精力无限，食欲和性欲猛增，眼神异常犀利，没人敢跟我对视。思维疯狂运转，给通讯录中每一个人打电话，一讲就是两三个小时。

晚上不睡觉，写工作计划书，洋洋洒洒几千字一气呵成。写书法，临摹李白、苏轼、辛弃疾狂放派的诗词，挂在床头，父母不许就和他们吵架。觉得自己体力很好，从杨浦走到外滩，两个小时也不累。去上海申花队要求加入，人家不接待，就买几条中华烟给门卫。每天打扮得干干净净，出入高档场所，见人只说英文。在咖啡厅让服务员帮我看一下包，我去洗手间，回来后给服务员 1000 元小费。

有一次去国际会议中心，不知道市政府正在里面开会，因形迹可疑被安全局的人带到保安室接受讯问，因为实在没有犯罪证据被赶了出去。买了一样电器觉得不好想退，店家不允许，就把人家告上法庭，在法庭上侃侃而谈，官司输了也毫不在意。

那一次是最厉害的躁狂发作，想想都后怕。一直持续了半年（其间不吃药），之后就抑郁发作，动不了，天天在家里睡觉，一天睡 20 个小时，一天只吃一碗泡饭。对任何事情都没兴趣，最长两个月不出家门。

谋　生

2002 年我进了一家外企做销售。那时状态比较好（已经稳定吃药了）。三个月后，我的业绩全公司第一，最多的时候我个人业绩占整个公司的七成。总经理非常赏识我，2004 年我被派到国外培训，回到上海后独立负责新项目的运作。

可是状态老是起伏不定，一个月正常 10 天、抑郁 20 天，我只能在好的时候拼命工作，不好的时候就去书店坐一天。

同事和领导隐隐约约感到我情绪的反常，但不知道是病，我也不敢说。新项目做得并不好。2007 年北京分公司发生变故，我自告奋勇提出去北京。总经理考虑后同意，我春节后赴任北京分公司担任总经理（当时有些兴奋），工资增加一倍。

刚到北京的时候状态好，什么事我都抢着做。招聘、培训、财务、开发市场、维护老客户，北京的同事也渐渐认可我。其间觉得好了，就自行停药。这是非常大的错误。四个月后，抑郁又一次发作，我加大药量还是不行。去安定医院治疗无效，我把药量加大到4倍，身上出了红色药疹，却还是抑郁。

我知道撑不下去了，打电话给总经理，说要退掉已经租赁的公寓，回上海。总经理在电话里没说什么，只发了短信说："你在搞什么？"

回到上海，经过上海精神卫生中心两个月的治疗，身体基本恢复了。再进公司，每个同事看我的眼神都变了，有的说我精神分裂了，有的建议我去参加特奥会（特奥会是精神智力残疾人运动会，当时正在上海举行）。

我知道待不下去了，于是辞职。在这家外企我干了六年，是我工作时间最长的一家公司。之后又应聘了几家公司，职位都不低，但最多十三个月必定抑郁发作，走人时连工资都不知道怎么去讨要。

后来我觉得还是找个兼职吧，不要朝九晚五，发病了也好休息。我摆过地摊，做过电话销售，发传单，卖葡萄，卖助动车，帮证券公司开户。这些工作都没有底薪，尝尽了世态炎凉和人情冷暖。

记得有一次去建材城拉客户证券开户，三天我脚上就起了

5个水泡，一周我的大脚趾盖都脱落了。有一个水泡在两个脚趾之间，非常痛，不能走路，我就用一张餐巾纸裹在两个脚趾之间。晚上回到家，脱下袜子，发现水泡破了，纸巾和皮肤粘在了一起。我用力一拉，整块皮肤都撕下来了。看到红色的一瓣瓣的肉，我哭了。

的确开了几个户，我本可以拿到佣金，但后来抑郁发作，一个多月没去公司。公司说我不来报到，就不发佣金给我。我也没办法，因为没有劳动合同，一切都是公司说了算。

就这样还要被父母骂：你怕苦怕累，好逸恶劳，啃老。我反驳不了……

治　疗

2008年和2009年，我都是在床上度过的，只是被姐姐硬拖着看了一次世博会。病友说电击对我这样的老病号有效，可我自己的钱早用光了，开口问妈妈要钱，被妈妈一口拒绝：你没病，别跟我说，你去跟医生说……

当时我真的绝望了。妈妈是非常爱我的，但是她坚定地认为我没病，是偷懒。我说服不了她。

那晚我去外滩站了一夜，面对着黄浦江我重复着一句话：跳还是不跳。这样活着没有尊严、没有质量，死了对自己对家人更好。而另一个我说：你这样来人世间一遭不值得，再试一种治疗方式吧，万一好了呢？万一好了呢？

爸爸给我钱让我去做电击，但是做电击一定要有人陪同。长期不接触社会，我的人际关系都断了。妈妈不能指望，爸爸在上班，我含泪把这件事告诉了爷爷。爷爷 85 岁了站都站不稳，一拍胸脯：大孙子我陪你去。

从家到医院要坐一个半小时的地铁，上海早高峰的地铁挤得脚不沾地，我和爷爷挤在人堆里，听到他大声地喘着气。我握紧他的手，眼泪再也止不住了……我不敢看他的脸，老人家 80 多岁了一天没享到孙子的福，现在还要陪着患精神疾病的孙子去做电击……

电击之后稳定了几个月，但还是抑郁发作。我了解到上海某医院有手术外科治疗抑郁症，就是在头颅的两侧各钻一个小孔，用电极丝探入毁损病变的神经通路。那个主刀的医生说肯定有效，但整个手术大概需要 3 万元。我身上没有钱了，爸爸看我老治不好也不愿再给我钱。我考虑再三还是决定要试一试，透支信用卡，还不上拉我去坐牢也无所谓了。

最近又开始吃药了，现在效果不错，但我知道以后还是会复发的。也不再找工作了，现在在一个抗抑郁组织里当志愿者。虽然没有收入，但我想帮帮那些病人，他们比我惨的多了去了。我再怎么说也是上海户口，饭还是有的吃的，也有睡的地方，那些没有依靠的病人怎么办啊？

有一次在上海精神卫生中心门口看到一个小伙子跪着要饭，地上一张纸上写着：没钱看病，我想活。旁边放着厚厚一摞药费单和一大堆药壳子。

我问他：

“小伙子你怎么啦？”

“没钱看病。”

“你有医保吗？”

“没工作，没医保。”

“你父母不帮你吗？”

“父母不理解。”

小伙子哭了，我也哭了。

我把身上所有的钱 17 元 5 角都给了他……

作者◎迪诺龙华

好像有两个我，一个阳光豁达积极，另一个内敛拘谨懦弱，同时藏在我的身体里。

现在的危机，是为了规避另一场危机

抑郁的艰难岁月，当然属于人生重大的危急时刻；与此同时，抑郁又常被理解为一种自我保护机制。在这个意义上，抑郁又是危中之机，这样的危机是为了规避另外一场更严重的危机。

陈余是一个幻听严重的抑郁症患者。

在半年的时间里，她的耳朵里养了飞禽走兽，上天入地，胡作非为。每次演得轰轰烈烈时，她就得提醒自己：那都是假的。

抑郁症让陈余变成另一个人：乏味、寡言、困倦、敏感，仿佛一夜之间集齐了所有最令人不舒服的气质，让亲朋好友无所适从。不断有人游说她："看开点儿""你抑郁什么，比你惨的人多的是”……

陈余苦不堪言。在她最无助的时刻，身边人给了她最令人绝望的回音：不理解。

接踵而来的是剧烈的身体反应：呕吐、莫名的疼痛和失眠，以及早晨绝望的念头。

确　诊

我就是陈余。

确诊是在半年前，一夜之间就病了。秋日的某个早晨，我被胃里的一阵狂风暴雨催醒，还来不及跑到洗手间就吐得满地都是。起初以为是肠胃问题，接下来的几天，我就像一只疲软的鸭子，浑浑噩噩，完全无法进食，体重急剧下降。

更严重的是，我几乎无法正常生活，对任何事情都提不起兴趣，平日里特别爱干净的一个人，连澡都不想洗。工作同样无法进行，身体像被灌了铅，不能挪动半步。在尝试了各种肠胃药无果之后，我决定求助心理医生。

我在朋友的陪同下来到医院，刚一开口讲述症状，就不自觉掉泪了。我从来没有经历过这样的无助，心里空旷得有回声，脑海里一直回荡着三个字：没意思。

医生最终在病历上写下了“重度抑郁”四个字，给我开了来士普以及十几味中药，让我每天按时服药。

对　抗

接下来的日子里，我慢慢适应自己的病症，坚持正常作息。即使睡不着，也按时睡觉、起床。

刚开始几天一直呕吐，我一个人瘫在洗手间，把胃酸都呕出来了。一边吐一边哭，觉得自己是个废人。

有一天晚上，我站在阳台，突然看到楼下的人都在向我招手，要我往下跳，每个人都希望我跳。那一刻我没有任何想法，如果不是朋友喊了我一声，也许就那样跳下去了。

朋友们开始对我特别关心，每天在微信上问候我，转发各种抑郁症的帖子和文章。我一直觉得，如果自己没有患病，也许一辈子都无法体会这种感觉，所以并不期望朋友们真正体会我的境遇。

慢慢地，关心的声音越来越多，手机之类的移动设备对我来说也是沉重的负担——它们让我焦虑万分。所以我开始限制自己使用电子产品来缓解焦虑感。

另外，我按时服药，每天适度运动，减少不必要的思考，避免过多的压力。我与一群朋友同住，家里平时挺热闹，我让自己参与到他们的交谈里，即使不发言，至少也要在场。

我虽单身，却不与父母同住，一开始不敢告诉他们，害怕他们过分担心。后来朋友们劝说我“要尊重父母参与我人生的权利”，所以我在一个平淡无奇的日子里，以一种平淡无奇的语气，在电话里告知了他们。

这也成为我病情的一个重要转折点。出乎我的意料，父母给予了我巨大的帮助。父亲对我说："即使你患病，你也是幸运的病人。你对自己的病情了解，且及时寻求了医生的帮助。那些沉默寡言的农民，他们没有就诊意识，终日低落，一言不发，他们难道就没有抑郁症吗？他们更需要别人的帮助，需要对病情的认知。"

我第一次觉得自己有了希望。对啊，我是幸运的。

好　转

之后，我竟然能入眠了，每晚可以睡两三个小时。我清晰地感知到药物的作用，我的感觉开始钝化，呕吐停止，负面念头几乎消失，同时伴随着健忘、注意力分散以及劳累感。我无法深入思考，却再也没有想过自我了结。

如今我依旧容易觉得累，不能承受高压，但觉得一切都会在可控范围内慢慢好起来。

作为一个"重度抑郁新手"，我更愿意把这当成一种人生经历。由于抑郁常被当成自我保护机制，我也更愿意相信，这样的危机是为了规避另外一场更严重的危机。

作者◎陈余

作为一个『重度抑郁新手』，我更愿意把这当成一种人生经历。由于抑郁常被当成自我保护机制，我也更愿意相信，这样的危机是为了规避另外一场更严重的危机。

一个姑娘的9种人格

本文作者是北京安定医院主任医师姜涛。他行医 24 年，遇到过各种稀奇古怪的案例。在这篇文章中，他向读者朋友们介绍一种罕见的精神疾病——“多重人格分裂症”。

曾经看过一篇文章，说美国有一位 46 岁的女子，得了罕见的精神疾病——“多重人格分裂症”，同时拥有 17 种不同的人格。也就是说，好像有 17 个完全不同的人，不断在她身上换来换去。

作为一名医生，在行医生涯中能遇到稀奇古怪的病例，是职业的报偿。幸运的是，我也见过一次“多重人格分裂症”，只是当事人的人格还不到 17 种那么多，只有 9 种。

（一）

2010年初夏的一天，我出门诊。中午，在诊室门口，我注意到一个很漂亮的小姑娘在候诊，她很平静，看起来也很温柔。当时不知怎么就记住她了。

但整个下午，她都没进来看病。直到最后一个病人走了，她才走进来，立刻把门一锁，把窗户一关，拉上窗帘，“扑通”跪在地上，一把抱紧我一条腿，叫“爸爸”。

我一下没反应过来。我自己的孩子都没有这样黏人过，而她已是个大人了，还像个三四岁的小孩，奶声奶气地叫我。

如果这个画面放在电视剧里，看着还挺温馨，可我当时觉得瘆得慌。我遇到过那么多稀奇古怪的病例，有拿刀要砍人的，有歇斯底里要砸我办公室的，还有一双空洞着眼睛瞪着你就是不说话的……但哪一种都比不上当时这种不舒服的感觉。

我赶紧挣脱，没用，就迈开另一条腿去开门。她起身挡着门，就是不让开，死活不让开。等我好不容易把门打开，才发现白大褂都被她撕破了。于是赶紧喊她家人、喊保安来。

我一叫人，她立刻就平静了。说话特别正常，完全看不出刚才的样子。

我这才了解到，她22岁，刚从抑郁症病区出院，来门诊复查。此前她的症状是情绪低落、悲观，有自杀企图。住院两个月，暴躁，有攻击性，一直想自杀。被诊断为双相情感障碍，中度抑郁发作，用思瑞康加碳酸锂治疗。直到情绪稳定，自杀的念头消失，就出院了。

我问她答，她的思维很清晰。但聊着聊着，她一个土生土长的北京人，突然冒出“干哈呀”这样的东北话，还能一连说好多句。

我心想估计是赵本山的小品看多了，没当回事儿。谁知道她很快又切换成唐山话，一会儿又是陕西话、内蒙古话、四川话，最后连广东话都冒出来了。

我问，你为什么要用不同的口音啊？

她说，没有啊，我一直就这个口音啊。

我说，那你用的是什么地方的口音，你知道吗？

她一愣，沉吟着说，我用的什么地方口音……就是北京话啊。

我谈不上是方言专家，但我接诊的病人，全国各地哪儿都有。一个病人只要多少带点儿口音，我都能大概听出是哪儿的。我后来统计了一下，她一共说过 9 种方言。

（二）

之后每周六她都会来，就一个人过来，也不让家人陪。一不问我病情，二不要我调药。一进来就跟三四岁的小孩似的，往我身上爬，搂我脖子，或者抱腿、往腰上跨。

我开始都是条件反射地往后躲。她看我想摆脱她，有时会瞬间暴怒，发疯似的撕扯我的衣服，像个泼妇。等别的医生过来帮忙把她摁住，又吓得像小绵羊似的，躲在角落里哆嗦。

有的时候，她会去病房找我，突然过来抱住我。还好不会让人误会，病房里的人一看都明白，就是小孩找爸爸的那种，特别幼稚。后来我只好对她说，你要老这样，我就没法再给你看病了。

她有很多行为障碍，吸烟、酗酒、暴食等。以前的那个医生一直给她用思瑞康和碳酸锂。因为她经常有攻击性，后来我给她加了德巴金。这三种药物连续使用了两三年，她的整个情绪就趋于稳定了。

但并没能根治，治疗过程老是被她的“幼儿状态”打断，短短一两个小时内，她可能变换好几种情绪，焦虑、激烈、抑郁、狂躁等。有时候，她会一个人坐在安定医院的楼道里吸烟，一坐就是半宿。

我单独和她妈妈聊过一次。她妈妈说，孩子在家情绪特别不稳定，对她爸尤其凶，老是跟她爸吵架。

她爸是个才子。家贫，但成绩好，是村子里少有的大学生，琴棋书画都颇能拿得出手。但后来人生并不如意，比较清高，在单位受排挤，所以望女成凤的心思特别强烈，对她从小就特别严厉。

她爸送她去学画画，她悟性差一些，达不到要求，就被她爸挖苦、责骂，说什么“狗刨的都比你画的强”，“趁早算了，别给我丢人了”。经常打她，踢、拧、扇耳光、拽头发，还不许哭。有一次她爸喝多了酒回家，发现她作业没写完就睡了，就把她从被窝里拽出来，像踢小狗一样，把她打得鼻青脸肿。第二天，她跪着求父母别让她去上学，没用，还得一脸红紫地去上学。

从青春期十五六岁的时候，她就抑郁了。情绪容易低落。有时候又特别狂躁，控制不住地吃很多东西，能把一冰箱的东西都吃了，吃完了再吐。

等高中毕业，进入大学，这种虐待式的家教终于暂停了。也就在这个时候，她的狂躁、攻击、自杀等症状突然暴发了。

后来她跟我谈起和父亲的关系，言语很平淡。描述她小时候受到的创伤，就好像说着别人的故事。

（三）

她住院时，医院给她的诊断是双相情感障碍。这只是一个方面，她更严重的问题是人格转换。

人格转换属于异病类。一般来说，人格转换往往是由于在成长过程中受到创伤，又没有及时修复引发的。我猜测，她以前的医生可能忽略了人格转换病症，所以没能彻底解决她的问题。

为什么她能说 9 种方言？她自己解释说，是住院的时候，病区里什么地方的人都有，她就学会了。但实际上，如果她不犯病，是根本学不会也说不出这些方言的。可一旦犯病，就能说一口地道的东北话。

这就是大脑的潜能，能无意识地吸收很多信息，储存起来。平时我们无法调用这些信息，但在某些时刻，就会突然爆发出来。

比如我们念了一段唐诗，并没有背下来，但是汉字之间的排列组合，已经在大脑里存储下来了，在某个时刻，就能触景生情并突然回忆起来。

人的性格也能突然“爆发”“转向”。我一个同学的姐姐，18 岁之前特别内向，特别蔫儿，三脚都踹不出一个屁来，家人都烦死她了。后来就抑郁了。有一天她想自杀，就往河里走。当时是冬天枯水期，她没淹死，冻得够呛，一下子就狂躁了。从此完全变了个人，特别外向，在市里开了 20 多家连锁药店，挣了大钱。

这种人格转化，是一种意识障碍，实际上是自我识别、自我和周围之间的界限出了问题。那她到底是人格转换引起抑郁，还是抑郁导致人格转换？很难讲。也许是共病，是同时存在的。从发病机制上讲，不是一个频道。

人格转换更多的是心理障碍，双相情感障碍则更多的是生理性的。所以对于这种有心理障碍的病人，单纯的药物治疗效果很差。必须结合她的过往经历、心理背景、文化背景，有的放矢地去治疗。

就这样，我给她治疗了大概一年。后来她再没找过我。

听她母亲说，她父亲现在对她非常好。父女关系修复后，她的情绪慢慢稳定了。

作者◎姜涛，北京安定医院主任医师。

家族的魔咒

贫困是抑郁症的一大诱因，贫困使人抑郁，抑郁更让人贫困。在中国，多数贫困地区的抑郁症患者并不能意识到自身出现的问题，他人更无法理解。本文的患者，他的家族具有遗传性的抑郁症因素，然而在当地人的口中，只是简单地将其归纳为“懒”。在经历了科学的治疗后，他的病情得到了缓解。无论性别、职业、贫富，抑郁症带来的痛苦都是一样的。只有让更多的人了解它，抑郁症患者才能得到社会的接纳。

（一）

他大概是我的病人中最穷的一个。

他是从甘肃过来的。好像是祁连山下靠近新疆一个特别偏僻的地方。从他的村子到当地汽车站得走一天；从汽车站到火车站又得半天；然后再坐两天硬座到北京。非常非常远，也非常非常穷。

第一次见到他，是在 2014 年 12 月底。那天，病人多，不到 7 点我就去上班了。天还黑着，很冷。一进门诊楼，有人叫我。回头一看，那人穿一件羊皮袄，蹲在墙根的阴影里。他站起来说：“姜大夫，我坐火车三天三夜才到这儿，在这儿等一宿了，你能不能给加个号。”

我当时印象最深的就是他穿的那件老羊皮袄。一丝一缕打成了结，黑乎乎的，可脏了。我心一软，什么也没说，给他写了个号。

后来才知道，他来京的旅费是乡亲们凑出来的。也没钱住旅店，就在门诊楼长椅上歪了一夜。

我没收他 20 元的首诊费，也免去了医院要求的筛查。他不知道说什么好，哭了。

（二）

他的病是家族遗传。他所在那个偏远小村子的村民，都说他家遭了魔咒。

十几年前，他二十七八岁，因为家里穷，一直没有找到对象。娶媳妇是大事情，但农村光棍多了去了，多数人也没怎么样。可是他的母亲几次为儿子找媳妇没成，竟然上吊自杀，一时间震惊乡邻。

谁承想，这只是这个家族苦难宿命的开始。

母亲去世之后，他的两个姐姐脸上也开始出现与母亲类似的阴郁神情，总也高兴不起来。浑身无力，觉得生不如死，没法活。最终，像是受到了母亲的召唤，在一个阴冷的冬天，一个上吊，一个跳井，先后自杀了。

再后来是他的堂哥，也是“不正常”。但他没有任何激烈的表现，只是一个原本精壮的中年人，越来越懒。从懒得干活，到懒得动，再到懒得说话、懒得吃饭。不语不动不食，就在屋里躺着，谁叫也不出去。最后拒绝吃饭，饭到嘴边也不吃。最终家里人放弃了，不管了，他就静悄悄地躺在屋里死了。

我问：“在那之前，没有觉得他们异样吗？”

他当然回答不出来。他说，母亲和两个姐姐在去世之前，最突出的表现就是懒。不想起床，不想说话，不爱干活。“村里人提到我家，都会说这家人特别懒。”他的堂兄，是十几年内他家里第四个非正常死亡的至亲，别人说，他是“懒死的”。

我听到这里，几乎可以做出判断：这就是抑郁症。村里人眼里的所谓“魔咒”，其实就是抑郁症。或许这个家族携带了某种与抑郁相关的基因，再加之困苦的生活的压力，他们病了；这种病让他们感觉不到任何快乐，每一天都是煎熬，唯有死亡才是解脱。

那个饿死的堂哥，当时应该处于重度抑郁的“木僵”状态。如果是在城市，家里人也许会把他当作疑难杂症送医院，稍有精神科知识的医生会意识到这就是“木僵”。

“木僵”是一个医学名词，指患者处于一种高度精神运动性抑制状态，存在意识障碍，不言不语不食不动，动作行为处于僵化状态，大小便潴留。举个例子：正常情况下，人们睡觉时，突然把枕头抽走，头就会落到床上。可是把木僵患者的枕头抽走，他的头仍可悬空，固定维持一段时间，这种现象称为“空气枕头”。

木僵患者缺乏行动自主能力。患者的姿势经常固定不变，肢体任人摆布。即使把他的四肢放在极不舒适的位置，他也一动不动，不做改变，如同蜡做的人。这个表现，叫“蜡样扭曲”。木僵病人任其发展，结局就是衰竭、死亡。

这些年，一些罹患抑郁症的明星、名人进入公众视野，这在向社会普及抑郁症知识的同时，也让人误解抑郁症是一种富贵病，只有社会精英才会得。

其实不是。任何人都可能得抑郁症，穷人更多。贫困是抑郁症的一大诱因，贫困使人抑郁，抑郁更让人贫困。只因穷人的日子本来艰难，他们的痛苦自己和别人都习以为常，不觉得是病。美国著名调查机构盖洛普的一项研究就表明，处于贫困状态中的人得抑郁症的风险是非贫困群体的两倍。

在中国，多数穷人得了抑郁症，难以被基层卫生系统识别。自己不知道，别人也不理解，所以被说成“懒病”。更无从谈及救治。

（三）

在诉说自己经历的时候，这位满脸风霜的西北农民哭了。

他觉得，母亲的死是因为自己，自己是家里的累赘，一无是处。他每天都很难过，晚上睡不着，白天起不来，干活儿也没力气。他的农田经常长满荒草，别人的地能收成一百斤，他只能收成五十斤。村里人对他指指点点，说他是“懒汉”；“活该当光棍”。

“姜大夫，你救救我，这次如果治不好我也不想活了。”他说，已经想好了，如果来北京也看不到希望，他回家就自杀。

他不止一次有过自杀的念头。从母亲的自杀开始，他的人生就陷入灰暗。但最终，他的求生欲望战胜了永久解脱的诱惑。村里有会上网的人告诉他，让他去北京看看，也许能治。于是，他带着乡亲们凑出的路费，第一次走这么远，辗转数日来到我的诊室。

在我看来，他的病情很简单。我给他开了最简单的阿米替林，大剂量使用。

看他小心翼翼地拿着药离开，我不禁感慨：如果他能早点意识到问题，如果基层卫生院能有受过精神科基本训练的医生，他们一家因抑郁症而失去生命的四位至亲，也许就能活下来。

的确，他们一家这么多亲人都得抑郁症，应该是有家族遗传的因素。不过这不是“魔咒”，是可以科学解释的。

抑郁症一般被分为内源性和外源性两大类。所谓内源性抑郁症，顾名思义，有明显的生物学特点，其病因是身体“内部因素”，其实就是基因。基因可以通过遗传获得，一个家族的成员，可能整体上都有相似的基因，大脑中神经递质不稳定，因此成为抑郁症易感人群。

我掌握一个数据：抑郁症的遗传度大约达到40%。所谓“遗传度”，是指如果你携带致病基因，那么发病的可能性达到40%。

不过，抑郁症无论是内源性还是外源性，都是可以治疗的；治疗的方法和难度，也没有太大的差异。

又过了几个月，春节后，他又出现在我的诊室。当时天已经回暖，他换上了轻便的单衣，容光焕发，走路轻快，简直像换了个人。他拿了一包亲手磨的小米给我，“扑通”一声跪下，把我吓了一跳。

我嘱咐他要坚持吃药。虽然情况有所好转，但如此复杂的家族史，他复发的概率会比外源性抑郁症大很多。

他答应了。告诉我，他再也不想自杀，过去那些悲伤的事情也不再纠缠他。他说，他现在很有力气；父亲还健在，他要替死去的母亲和两个姐姐好好照顾他。

无论性别、职业、地位、贫富，抑郁症带给人的痛苦都是一样的；不同的人，求生欲望也都是一样的。并非穷人就不珍惜生命。比如说他，如此穷乡僻壤，如此严重的家族遗传，如此魔咒一般的生离死别，都没有让他彻底绝望。他在拼力挣扎，希望能活下去、活好。

后来我再也没有见过他。我想他应该是好了。

作者◎姜涛，北京安定医院主任医师。

我有一个叫D的朋友

一种病痛，本身就包含着治愈的力量。既已陷入最低谷，就不必再无望挣扎。坦然接受，友好地与它相处，或许会有转机。

时间过得好快。

有时候觉得很难跟上时代的脚步，倒像是时代在逼迫着、驱赶着我前行。我被迫了解，被迫好奇，被迫打碎一些东西再拼凑起来。

很久以前，我一直认为Depression（抑郁症）是遥不可及的。可是现实告诉我，我错了。生活以最直接的方式，让我自己体验了一把。

这不是什么愉快的经历。从最开始的痛苦，到后来的麻木，到最后的失控。但是我最想写出来的不是这些不愉快的经历，而是在抛物线上升的后半段，那段有关治愈的路程。

一直碍于一些东西，一些说不上的约定俗成的东西，再加上每回忆一次就像把我凌迟了一遍的感觉，阻挡着我写这个话题。直到今天我看到了一本叫《渡过 1》的书，才找到我一直想找的答案，面对我一直逃避的东西。

D的出现

那时我一个人住，生活也很滋润。最开始的时候，Depression（以下简称 D）在我的身体里只是一个小小的阴影，躲在背光的地方，我甚至都不知道他的存在。每当我受到打击，D 就把那些打击当作养料，慢慢吸收消化，慢慢长大着，但是依旧躲在背光的阴影中。

就这么过了很长时间，终于有一天，D 长得足够大，以至于阴影不能再提供足够的空间栖息了。于是他就跑了出来，见到了我。

第一次见面很不愉快，D 抢了我的地盘，和我争吵打闹着。无奈他那么庞大，我战败了，只能躲到阴暗的角落，注视着 D 在我的身体里胡作非为，无可奈何。

我终于出门寻求帮助，一个星期之内，去了医院的所有科室，祈求能得到解药，可是无果。于是无处发泄的我开始暴饮暴食。D 发现我的举动之后，我们大吵一架，结果对我来说并不怎么好，我又败了。

这次是被他赶到角落关了起来。我很痛苦、无助，同时阴暗也在慢慢侵蚀着我的内心。日子一天天过去，我看着 D 一天天地在我的身体里长大。我不睡觉，反复咀嚼着以前他吃过的东西，让我痛苦，让我心悸。我觉得我快死了。于是我会哭，哭到最后都麻木了，什么也不想。什么也不想要，什么都无趣，做什么都和在角落里待着一样的孤单。

D 有一天想起了我，就过来看了看我。在发现我变得和他差不多了之后，把我放了出来。可是那时的我就像太久封闭在黑暗中的人一样，一见到阳光就忧虑、惊奇地把眼睛闭起来，再也不敢睁开。

我开始和 D 有着相同的想法，不愿与人交流，因为我怕，我怕人们和太久没见过我的阳光一样，灼伤我的双眼。

那时的我和 D 行走在路上，静默着，麻木着，偶尔思索着。这偶尔的思索出现在我走过桥面的时候，出现在我站在高楼上的时候。思索着跳下去吧，这无趣和痛苦就会结束了，结束了就好了。

现在想想，多亏躲在最深层的记忆阻止了我。这些老场景让我想起我的妈妈，想起小时候牵着妈妈的手，躲在妈妈背后，看到的阳光，不像现在这样刺眼，让我害怕。每当这时候，我就开始哭，眼泪止不住地流。

D 好像觉得很开心，他很喜欢我哭的样子。所以在他出现之后我经常哭，一哭就是几个小时。

抗争的日子

日子就这么过了很久，时间很漫长，直到一个小假期的到来，直到妈妈来看我。

其实现在我可以告诉你，在得知妈妈到来的消息的时候，我并不怎么激动。这种反常让我感到不安，可是D很快打消了我的不安，拽我和他一起咀嚼已经嚼过无数遍的痛苦。在这种情况下，终于，妈妈来了。她发现了我的消沉，试图搞清楚发生了什么。

在我的内心里，一方面渴求着她能帮助我，让我活过来，真正地活过来；另一方面却和D站在同一战线，想赶走这个多事的女人。

在那期间我们去了很多医院，见了很多医生，做了很多治疗，但是我和D都一致同意不吃药。那时我很不耐烦。但是在妈妈的陪伴下，D好像不是一直都出现在我的视野中了。而这时我也意识到D其实不是一个好人，在他的主导下，我好像变成了一具行尸走肉。

那时我暗下决心，我要摆脱D，我要杀死他，我不要他的陪伴了。

但是妈妈总不能一直陪伴我，于是我找了一个室友，我叫她大哥。小长假过完了，妈妈回去了，大哥搬进来了。大哥是个开朗的女孩子，和我一样高。我没告诉大哥D的事情，于是生活就这么继续着。

大哥在的时候，D 基本上不会出现，好像 D 真的被我遗忘了。我的生活回到了正轨。可是生活的意义就是解决麻烦，D 或许就是其中之一。

D 在发现了大哥之后很生气，并且试图说动我的另一半身体，回归和他在一起的日子。我不愿听从 D 的话，于是 D 就三天两头找我的麻烦，让我心慌，让我哭，让我难受。

D是杀不死的

我受不了，下定决心除去他。刚好那时有一个小假期，之前我在论坛上看到，出去旅游看看世界是个很好的摆脱 D 的方法。可是我还是怕，因为我没独自出过远门，因为 D 还占据着我身体的一部分。

于是我把想出去玩这件事告诉了大哥，然后大哥就告诉了我她的经历，尽力打消我的疑虑。最后我就坐上了去杭州的动车。在我坐上动车的一瞬间，我感受到了长久以来已经陌生的感觉——期待。

外面的世界很好，很安静。我一个人，呼吸着不一样的空气，浏览着不一样的景色。在西湖边上，我静静地坐了两个小时，什么都没干，什么都没想，就只是静静地坐着。于是我发现冥想是个很好的让自己平静下来的方式，从此我每天都会冥想一段时间，惊喜的是我的睡眠改善了很多。

从那以后我发现，独自旅行是一个发现自我的方式。此后我一有时间就会出去走走，在路上发现了很多像我一样的朋友，有着他们独特的D朋友陪伴的人。我们彼此交流困惑，同时我也了解到很多像我一样挣扎过或者正在挣扎的人。

在外面转了一圈之后，我回到了小窝，那里有大哥在等我，好像再也没有D的位置。可是D时不时还是会出来捣乱，搅得我心神不宁。

我意识到，D是杀不死的。因为每当我遇到不开心的事情的时候，D就会迫不及待把这些坏事当作养分消化吸收掉，然后又变强大一点儿。

D是杀不死的，我难过地想着。

与D正式成为朋友

日子就这么慢慢过着，直到有一天我发现，D还在那里。于是我想既然摆脱不了，为什么不将就着做个朋友呢？

从此，D正式成为我的朋友，在我受到打击的时候他会来，在我“大姨妈”来的时候他也会来。但是大多数时候只有我自己了，这是一件好事吧。

时光就一直流走着，直到大哥也走了，直到我又搬家了，直到一个个春夏秋冬过去。

就这样到现在。

D有时候还是会出来陪我，我也就静静地让他陪着。他不再像以前一样任性地拉着我咀嚼他的苦楚了，相反，有时候他会坐在我身后看着我做事，看着我欢笑，看着我生活。

不得不承认这是一个痛苦的过程，每次回忆起来我都会哭，但是我真的从中学到了很多。从最开始的绝望，到现在的感激。我舍弃了一些东西，也得到了一些东西。我伤害过家人，也最终意识到我现在拥有的一切是多么珍贵。

这是一种经历，一种磨炼，我不能也不敢说我战胜了什么，因为在我脑海里的伤疤是永久的。现在，我只想平静地把这个过程写出来，解开一个心结，然后继续好好生活。

并且，我想说那种身不由己的感觉，希望你们都不要体会到。

最后，如果你觉得你很难过、很无助，不要怕，这个世界上有太多的同类人，他们都在慢慢学会如何和自己相处。请一定记得要寻求帮助。

最后的最后，我很想在此谢谢妈妈。我知道我曾让你担心，让你佯装快乐来安慰我。对于我来说，你是世界上最伟大的人。

还有大哥，我一直都没有说明，为什么你在我心中有这么浓墨重彩的一笔。因为你让我遇见了新的自己，谢谢你。

还有你们，谢谢你们看到这里。

作者◎聪明

D有时候还是会出来陪我，我也就静静地让他陪着。他不再像以前一样任性地拉着我咀嚼他的苦楚了，相反，有时候他会坐在我身后看着我做事，看着我欢笑，看着我生活。

女子行为异常，原来是躁狂作怪

躁狂是一种复杂而令患者格外困扰的疾病。不应该歧视躁狂患者，他们是因为疾病才有这些古怪而超越常规的行为，并不是主观上想自我放纵，游戏人生。

这是我遇到的一个真实的病例。

一位 30 岁的少妇，形象端庄，有老公，有孩子，家庭条件优厚。没正式工作，喜欢在网上聊天。聊天本来也是正常的，但她的行为和普通人差异很大，经常来一次说走就走的旅行。

2015 年初，她和一个云南大理的男性网友聊天，聊着聊着，就直接奔云南去了。走的时候，任何行李、财物都不带，买了张火车票直接就走，过了一个月才回来。

没过多久，又和一个杭州的网友聊上了。然后，又什么都不带，抛夫弃子，跑到杭州住了两个月才回来。当她第三次去海南岛见网友的时候，她老公实在受不了了，和她闹离婚；她的父母都为她感到丢脸，觉得她是病态，带她来看病。

以下是我和她父母的对话。

问：她的婚内情况怎么样？

答：本来挺好。老公是她自己选的，婚后关系很好，小孩也健康。但她的脾气不太好，怪我们当家长的太溺爱，自小娇生惯养，动辄发飙骂老公。老公是个老实人，经常被她修理得不敢吭声。这种事情出现的次数多了，谁都吃不消，肯定会闹离婚的。

问：她婚前的情况如何？

答：读书的时候还算听话，我们也管得少。大学毕业几年后，喜欢在夜店玩，经常玩到后半夜才回来。这个也算符合年轻人的状态，这个年龄段的人都玩得很疯。可是，结婚后还经常在夜店玩，照样玩到后半夜才回来，这就过分了，毕竟成家了嘛。我狠狠地骂了她几次，她都不理我。后来我也管不了她，毕竟我们没跟她住一起。

问：她现在离婚了吗？

答：还没有。她发起脾气来相当厉害，她老公跟她闹离婚，不住家里，住单位去了。她喝酒喝到半夜，站在她老公单位宿舍门口从凌晨 1 点骂到 5 点，嘴巴不停，就这么一直骂，直到我们来强行劝架，才把她带走。不知道她怎么这么有精力，跟不用睡觉似的。

问：这个年龄段的人，起码在理性认知上应该是明白的，哪些事情能做，哪些不能做。她知道吗？

答：她也知道，自己有老公、孩子，不该这么乱跑。过后是有后悔，但当时头脑一发热就走了。是我们从小溺爱，没管好，还是心理有问题？

她还自我感觉良好，觉得自己漂亮，有这么多男人追求是好事，到哪里都有男人买单，值得骄傲。我们的脸都丢尽了……

谈话进行到这里，差不多清楚了：这不是家教问题，而是心理疾病。看样子，应该属于心境障碍的躁狂，和抑郁症属于同一个大的分类。

抑郁发作的典型症状是心境低落、思维迟缓、意志活动减退，称为“三低症状”，临床表现主要是认知功能损害和躯体症状；躁狂发作则刚好相反，心境高涨、思维奔逸和意志活动增多。这都属于生物疾病。是以血清素、去甲肾上腺素、多巴胺分泌紊乱为主的脑神经生化分泌疾病。

躁狂发作的症状标准：

以情绪高涨或易激惹为主，并至少有下列三项（若仅为易激惹，至少需四项）：

1. 注意力不集中或随情境转移；

2. 语量增多；

3. 思维奔逸（语速增快、言语迫促等）、联想加快或意念飘忽的体验；

4. 自我评价过高或夸大；

5. 精力充沛、不感疲乏、意志活动增多、难以安静，或不断改变计划和活动；

6. 行为鲁莽（如挥霍、不负责任或不计后果的行为等）；

7. 睡眠时间减少；

8. 性欲亢进。

重度标准：

严重损害社会功能，或给别人造成危险、不良后果。

病程标准：

1. 符合症状标准和严重程度标准至少已持续一周；

2. 可存在某些分裂性症状，但不符合分裂症的诊断标准；若同时符合分裂症的症状标准，在分裂症状缓解后，满足躁狂发作标准至少一周。

治疗：

以药物治疗为主，具体需要精神科医生制订治疗方案，患者不能想当然地用药和停药。

同时，辅助心理治疗，让患者学会识别和改善不良的认知、情绪和行为模式，向患者和家属宣传疾病知识，以提高社会适应性及改善社会功能。

文章写到这里，读者应该明白我要表达的意思了：我们不应该歧视躁狂患者，他们是因为疾病才有这些行为，并不是主观贪图享受、游戏人间。

身体疾病和心理疾病，人人都可能罹患。抑郁症患者让人同情，躁狂患者也是我们的帮助对象。

作者◎王骏，资深心理咨询师。

生活属于你自己，和他人无关

谁也不愿意得病，尤其是得精神疾病。刚得病的人，无一例外，都不愿意让别人知道。

如何对待“病耻感”？要不要公开病情？本文作者通过亲身经历认为，不是要不要公开的问题，而是不得不公开后，如何应对的问题。

患　病

我第一次发病是在初中。当时，我自己、老师、同学，都不知道我得的是什么病。只是我越来越不爱说话，整天趴在桌子上。老师感叹：学习这样认真怎么成绩就上不去呢？

亲戚们一开始也是瞒着的。慢慢地，我感觉他们对我格外热情。我想他们可能知道什么了，心里有点儿担心。

但我得出的结论是还是生病好。妈妈不会动辄打骂我，眼神和说话都温柔了，时不时还给我做点儿喜欢吃的东西。从小父母常年争吵，甚至为一点儿琐事就大打出手。我一直羡慕同伴有个温柔的母亲，现在，这不是我一直想要的生活吗？

现在每每想到这段还会流泪，小孩是多么幼稚啊。

糊里糊涂上了大学，离开父母，胆子也大了起来。化自卑为力量，别人玩的时候我都在学习，轻轻松松就能拿奖学金。

这时候我知道自己得的是抑郁症。我把药装在安利保健品的瓶子里，悄悄服用，竟然从没有人怀疑过。毕业前我又入了党，整个人都飘起来了。其实那个时候是躁狂，父母和亲戚也都认为我好了。

复　发

毕业后，我去医院要求减量。医生答应减四分之一，我母亲当时心急，建议我直接减一半。

本来从学校回到家里，就是两种环境。加之父母的争吵，我又减药，结果是复发。整整两年我不愿意出门，每天在家看书、瞎想、睡觉。心里总还想着回学校，那个曾经让我骄傲过的地方。

父母在我面前什么也不说。每天除了吃饭，我都是在自己屋子里，家里来了任何客人，我都是关紧门。时间长了，亲戚和邻居们知道，我又病了。

直到有一天，大学里曾经短暂交往过的男友来找我，说他回来了，想和我相处。我看着他像是认真的，就把自己有病的事情告诉了他，还特别提醒他：今后我是不能要孩子的。

没想到他笑笑说："让我弟给生一个吧。"

就这样，我以为没有什么后顾之忧，开始和他相处。他对我一开始也是百依百顺。我感觉很满足。晕还是会晕，但敢出门了。

面　对

后来我们准备结婚了。本以为一切都是美好的，结果这成了最糟糕的开始。

我是在银行的柜台工作，男友父母认为我的工作太忙，也不够体面。要求我，要么调到后台，要么就进国家机关。

当时我就蒙了。这份工作是我好不容易才找到的，怎么能想去哪儿就去哪儿？

我向男友表达了自己的意思。没想到，一直顺着我的男友，此时和他的父母观点一致。

这期间男友考上了外地的公务员，要求我也过去。我拒绝了。各种因素加在一起，我和男友分手了，又成了一个人。

好在工作还保留着。银行的确忙，每天早上 7 点出门，晚上 7 点到家。大家都很照顾我，看我晕乎乎的，以为我是身体弱、适应慢，复杂的业务都帮我做。

每天，我不敢看顾客，只是低头操作。只要和顾客对视，我就会晕，有时候会吓得顾客不知所措。我说我就是有晕的毛病。谢天谢地，就这样，我过了实习期。

心情苦闷，劲儿就都用在工作上。每天不管晕多少次，有多累，我都坚持最后一个走。不争抢功劳，不占便宜，尽量让着同事、领导。

慢慢大家也都知道并接受了我的毛病。有告诉我去哪家医院的，有告诉我偏方的，有告诉我去信佛教、信耶稣的，还有告诉我哪个大神灵的。

每次我都口称接受，表示感谢。只有我知道，自己的病远远没有那么简单。

四年前遇到我先生，一个乐观有爱的人。

他教我并监督我早起、跑步、读书、忏悔。随着时间的流逝，我感觉自己坦然了、敞亮了。身体也比以前好了许多，很少头晕了。

现在同事领导还很照顾我。也许一开始他们都有过议论，但时间长了，也习以为常，认可我身体弱，需要照顾。

所以，如果得了病，而且长期好不了，那就要做好瞒不住的准备。我知道你可能害怕大家征询、好奇、异样的眼神，但实际上，如果你能豁得出去，勇敢面对，人们的好奇心也不会持续太久。生活依然属于你自己，和他人无关。

至于我，在漫长的岁月里，我早已做到能够坦然面对各种眼光。

我感恩自己得了病，得到了我先生、亲戚、同事、朋友更多的爱。也许就这样小心地生活下去，也不错。

作者◎百合雪

我所能做的力所能及的事情

得了精神疾病要不要公开？这几乎是每个患者都会遇到的问题。本文作者选择了公开，她感恩于治疗期间亲友的陪伴，因此要以自己的经历，告诉大家抑郁症并不可怕，希望更多的抑郁症患者能够得到社会的接纳。

神秘的力量

2015年春节，我放寒假在家，突然疯狂地迷上了看书：哲学的、政治学的、心理学的、经济学的……看上的书，就一个字：买！也不管什么时候能看完。后来书买得太多，书柜放不下了，又买了一个更大的书柜，不久又堆满了，家里到处是书。

那个寒假，我每天晚上只睡三四个小时，深夜读书，和网友讨论问题；白天一边走路一边思考，有一次还一脚踩进水沟。朋友笑话我是女苏格拉底。

时间到了3月中旬。我清楚地记得，一天晚上，和老公出门散步。天很黑，我突然觉得头顶上好像开了一个洞，有一道光，或者说是一股神秘的力量笼罩着我。我浑身懒洋洋的，满是愉悦感。似乎有一个声音在和我说话，告诉我很多以前思考时卡壳的问题。我忽然有一种顿悟的感觉。

第二天，我跟一位喜爱读荣格、克里希那穆提的朋友说了这件事情。他说，怎么可能？头上开一个洞，人不就死了吗？！

可这是真的呀。从那天起，我觉得浑身洋溢着无法诉说的愉快，脸上总挂着若有所思的微笑。那段时间，不论男女朋友见了总是夸我漂亮，很奇怪我自己没觉得有什么变化。

3月12日，我在微信上写下一首诗：梦幻与现实的切换／只轻轻地嘎嗒一声／爱花人的心易感／轻轻的嘎嗒声／不停

3月15日，我又在微信上留下一句话：翩若惊鸿，恍如隔世。

抑郁暴发

好景不长。3月中旬，我去云南出差。工作虽然完成得不错，但开始变得有些迷糊，犯了很多低级错误。比如，忘记带现金，身上只有50元钱就出远门了。

出差回来，记性变得越来越差。忘记工作安排，忘记关水

龙头，想不起来同事的名字。最严重的是看见儿子觉得是那么陌生。我睁大眼睛看着儿子，想要使劲儿地记住他的样子，然而徒劳。我害怕有一天我会忘记我儿子的样子。我觉得不太对劲，可能要出事，开始把自己重要的事情记下来，交给家人。

4 月 10 日，我突然得了重感冒，昏睡、嗅觉失灵，由以前每夜睡三四个小时，变成七八个小时，甚至十几个小时都不醒。

约 10 天以后，感冒好了，嗅觉恢复了，情绪却发生了变化。不再爱笑，而是一脸严肃。睡眠倒是恢复了正常。

有一天早上起来，突然感觉脑子里蒙上一层雾，看东西模糊。我酷爱种花草，此时颜色都黯淡了，显得那么枯槁。可是第二天起来，又恢复了正常……如此循环往复，后来变成了上下午循环。

尝试治疗

4 月 25 日，我去医院检查，花了 2000 多块钱，把所有可疑项目都做了排查：甲状腺、激素水平、血液、视力……都没有问题，甚至非常健康。

我想会不会是抑郁症？在网上搜了一下，还真有点儿像。于是去看精神心理科，一位表情严肃的女医生给我在脚底画了一道，又让我做了一个心理测试。而后在我的病历上写下几个字：双相情感障碍抑郁发作。

我不相信。我性格开朗，爱说爱笑，精力旺盛，那么多的困难不曾压倒我，怎么可能得抑郁症？

但情况越来越严重，我无法正常工作，只好告诉单位同事、领导，我生病了，需要休息。

那些日子，我悲哀地觉得自己变成了傻瓜。我退出了以前经常聊天的大部分微信群，告诉朋友们我得了抑郁症。还好，朋友们虽然惊讶，但也给了我很多帮助。我一直坚持到 7 月 22 日，没有吃药。

那真是魂飞魄散、心惊肉跳的 100 天。怕黑，怕声音，怕陌生人尤其是戴墨镜的人；惊惧、失眠、焦虑、迟钝、绝望交替而来。有时候觉得有人用绳子绑住我全身；有时候是一块大石头压在身上；有时候是心脏跳得要蹦出来，只好吃速效救心丸。经常躺在地板上度过漫漫长夜。因为白天老公还要照顾我和孩子，即使睡不着，我也会躺着不动，熬到天亮免得影响家人休息。

周围的人想尽办法帮助我。儿子的干妈定期从澳大利亚打电话催我去治疗；一位朋友自学过心理学，经常过来陪伴我，带我去教堂读《圣经》；单位领导虽然不知道抑郁症是怎么回事，但是尽量不让任何工作打扰我；老公放弃了大部分工作在家陪我，儿子就像一只小猫，只要放学了就依偎在我身边，还告诉老师，妈妈得了抑郁症。

但这样的陪伴没有给我带来任何好转。以前觉得日子过得飞快，此时度日如年。我想我这样的一个傻子，活着没有任何意义，不如死了好。可是，想到吃安眠药死不了还要洗胃，割脉倒是简单但血淋淋的会吓着儿子，跳楼万一没死成了残废咋办？思前想后，没敢实施。

到了 7 月 22 日，我实在熬不下去了，决定住院。那时一天吃好多药，药多得一只手都抓不下。主药是文拉法辛和丙戊酸镁。护士发药给病人，必须看着病人吃下去才能离开，病人想偷偷扔掉都没门儿。

感恩命运

我一共住了 25 天院。出院后，一是能睡着觉了，二是恢复了思考。9 月我正式上班，体力和脑力都逐渐恢复了。

慢慢地，医生开始给我减药。先是减掉了一些辅助性的药物，到 2016 年 4 月初，开始减文拉法辛。现在我还在吃药，但一切都非常好。体重恢复了（我一度只有 70 斤），脸色也红润了，种花看书的爱好全都恢复了，又回到了朋友中间。

有一天，看到一段话：你受的苦、吃的亏、担的责、扛的罪、忍的痛，到最后都会变成光，照亮你的路。——我觉得豁然了。

病愈后，我交到了更多的朋友。我直言不讳甚至会主动告诉他们，我曾经得过非常严重的抑郁症。

我想，既然命运让我得了病，又让我在大家的陪伴下恢复，无论前路如何坎坷，我得好好活着。我要以我的经历，告诉大家抑郁症并不可怕，要让更多的抑郁症患者得到社会的接纳。

这就是我能做的力所能及的事情。

作者◎泓

梦幻与现实的切换
只轻轻地嘎嗒一声
爱花人的心易感
轻轻的嘎嗒声
不停

9年发作8次，一位双相患者如何看待疾病

本文是本书编者张进和一位病友的笔谈，最后的共识是：命运是很难违背的，面对命运，有人选择放弃，有人选择面对和博弈。一种有益的态度是，“尽人事，听天命”——尽力，你就不会后悔；认命，你就学会了宽恕。

小橙子是我的旧友，一位双相患者。我和她相识，源于她在“阳光论坛”上发的一个帖子——《反复数次发作的顽固性抑郁症》。这篇文章一度传播甚广，也许很多病友还有印象。9 年间，她 8 次复发，饱受折磨、苦不堪言，但从未放弃。

那是 2012 年夏，我刚从严重的双相情感障碍抑郁发作中临床治愈，对抑郁症一无所知，正处于强烈的求知状态。读到这篇文章，我如获至宝，逐字逐句研究。后来辗转联系上她，惺惺

相惜，彼此交流。

4年过去了，我的情况持续稳定；她却没那么幸运，继续处在循环状态。原因大概和她发病早且缺乏对双相的认识有关。

她从小性格内向、柔弱、好胜心强。首次发病是在2007年，表现为抑郁相。经历了最初的茫然和慌乱后，她懵懵懂懂地走进精神专科医院，毫无悬念地被误诊为抑郁症，由此开始了9年抗郁历程。

起初，服药很快见效，但迅速转向轻躁。从未有过的体验让她新奇而兴奋，她以为自己病好了，轻率停药，没多久随即复发。随后，再服药、再好转、再复发，多次循环，且间隔时间越来越短。

两年后，医生终于诊断她为双相Ⅱ型——这还不算最糟糕的，据欧美国家统计，双相患者从首次发病到确诊，平均需要8年。

自2009年起，她采用情绪稳定剂规范治疗，渐趋稳定。可好景不长，2011年，为了备孕，她自行减药，再次复发，不得已又重新服药。

其后至今，她再也不敢断药，但情况越发复杂，波动频繁，不能长时间稳定。总共算起来，9年间，她复发8次，病情慢性、迁延化。近两年甚至带药复发，饱受折磨，苦不堪言。

目前，她仍然以极大的毅力和耐力，坚持治疗，摸索合适的药物组合，以求长期稳定。

近日，我和她在网上的间断性交流，陆陆续续形成以下文字。这是一位浴火尚未重生者的原创性思考，读者若有兴趣，不妨用心体察。

关于认知

问：我们都知道，抑郁症患者在病情复发和好转时，对很多事情的认知是大不一样的。你应该多次体验过这样的情况。你现在能准确识别什么是扭曲的认知、什么是正常状态吗？你在复发时如何处理扭曲的认知？

答：抑郁和轻躁，自己是很难控制的，必须靠药物。所以这才叫病，只能在很有限的范围内去调整。

我是这么做的：主观与客观相分离。以抑郁为例，主观上感觉悲观、绝望、恐惧、自卑……但理智上告诉自己，这些都是症状，客观情况并不是这样的。转移注意力，找一点儿事情做，去行动，去休息，尽可能让自己觉得舒适就好了。当然也不必硬逼自己。特别要注意防止自己做出极端举动，最严重的就是自残、自杀。

轻躁则相反。比如，太自信的时候，要有意识地提醒自己现实未必那么乐观，不要得意忘形，等等。但是轻躁的时候一般顾不得那么多，都去享受了，不加节制的情况居多……当然要考虑社会规范，不要逾越。

【点评】每一位患者大概都曾这样艰难地自问：我是病了，还是在逃避现实、逃避责任？我对自己的评价是正确的，还是扭曲的？我所处的环境是真的糟糕透顶，还是自己的错误认知？结合小橙子的回答，我可以负责任地告诉大家：绝大多数是病态。

只要好起来，一切悲观的想法，都会自然而然地烟消云散。

问：很多人一听说谁得了病，就会问受到什么压力了？你觉得你这么多次反复，和压力关系大吗？

答：我觉得这个病，易感基因是基础，压力外源是诱因。很多狂人精力特别旺盛，压力再大也不会发病。一般我们这类人，本身体质上就具备这种弱点，加以环境刺激，可能就会发病。

假如生活在原始社会，大家都耕田打猎，我想即使具有这个易感基因也不会发作。所以和环境压力也有关系。这么说，情感障碍是一个现代病，发作率恐怕会越来越高。

至于我自己，后来甚至带药复发，生理原因居主导地位就越来越清楚了，外界影响越来越小。机体已经形成了一种“自我触发”和“自我循环”，这在双相情感障碍里面尤为明显。所以药物控制非常必要。

问：你和我说过，你父母在你小时候对你的期望很高，你觉得和这有关系吗？现在你还会不会有责怪心理？

答：我父母对我的高要求，可能是发病的一个诱因，但应该不是主要因素。很多家长都对孩子实施高压政策，但发病的毕竟是少数。我从小性格就比较内向软弱。我不怪父母，他们只是像其他家长一样对我报以殷切期望罢了。可能在教育方法上不太完美，但已经强于大多数家长。

现在他们完全理解了这个病，他们觉得只要我能够健康快乐，其他一切都是浮云。这个转变是天翻地覆的。这点我也要感谢他们。家人对于病人的支持是非常重要的。当然也要经历一个过程，从不解甚至恼怒，到慢慢理解、慢慢接受。

【点评】追寻患病原因，责怪父母，是很多年轻患者解不开的心结。这是没有必要的。天下没有完美的父母，况且父母的行为最多只是外因。小橙子对此的态度是实事求是和理性的。

关于社交

问：社交恐惧几乎是每个抑郁症患者都有过的。你根据自己的经历谈一谈，这是怎么形成的？有人说，越恐惧，越要见人，不然就会更封闭。你是怎么做的？

答：社交恐惧也是我抑郁发作时的核心症状。

人是群居动物，正常的时候，相互交往是非常自然轻松的事情。但是患者在抑郁症状态下，首先表现为情感和兴趣缺失。别人感兴趣的话题，自己无感，很难融入，只想着和自己病情相关的事情。因此没有共同语言，没有交往的动力。

其次思维也受限，比如和人说话，经常会觉得舌头打结，想表达的意思表达不清楚，联想能力也受损。过去能很轻松幽默地开玩笑，现在只能死板地表述。反应迟钝、想说说不出的感觉是非常难受的。所以才恐惧社交。

并非像有的人理解的那样，多和人聊天、参与社交就能缓解症状。这个时候独处，或者和有相似症状的病友交流，才会觉得舒适，对恢复有利。

【点评】的确如此。抑郁症患者社交恐惧的本质，是思维和语言能力受限。这个时候，强求他参加社交，旁观别人兴高采烈、侃侃而谈，内心会更加悲苦。而且，为了掩饰，他会咬紧牙关，强颜欢笑，特别消耗能量，有害无益。

问：如果你长期不稳定，将来你打算怎么生活？现在多少人知道你的病？你觉得大家能理解你吗？

答：我期待我的生活平稳、健康、宠辱不惊。患过这个病的人，好的时候对幸福的感知度很高，常人看来平淡无奇的事物，在我们看来可能都是上帝的恩赐与非凡的美好；同时，因为对苦难的理解更加深刻，我们对名利也会淡泊很多，知道什么是最宝贵的、最值得珍惜的。

这个病的生理基础非常强，表现形式也比较多样，正常人无法感同身受是很正常的。我只希望能够承认，“他们只是病了，需要治疗”。自杀者当中，我个人觉得80%以上都有精神类疾病，是疾病扭曲了他们的思维，夺走了他们的希望，迫使他们放弃生命，不然再大的人生挫折也不足以让人以命相抵。

我看过很多媒体报道抑郁症患者自杀事件。希望不要过度渲染什么逝者自私、懦弱，甚至也不要过多追问社会制度、环境压力之类的辅因。有时候他们真的就只是病了。提升对这个病的认知，及时妥当地治疗，期待医学的进一步发展，是减少悲剧发生的根本途径。

【点评】是的。一听到有人自杀，很多人就会想当然地认为，自杀者懦弱，不够坚强，不负责任。这是鲁莽的。人们遇到外界刺激，会本能地做出反应，这就是防御。自杀也是一种防御，而且是终极防御。从个人角度看，自杀只是一种自我选择。对于自杀者，不要批评、不要讥讽，甚至不要抽象地使用“痛心”“惋惜”这样的词汇，因为这多多少少显得有些居高临下和自以为是。

关于用药

问：我估计你对用药怀有特别复杂的感情吧？

答：2007年发病初期，我对药物其实是抱着尝试的心态，仅仅用百优解一粒（20mg）。令我惊讶的是，药物居然在两周左右突然起效，所有症状全都奇迹般地消失了，当时真是一阵狂喜。但是后来的病程让我逐渐体会到双相这个病的顽固性和复杂性。

后来在和病友交流中我也发现，双相患者在前几次治疗中，单用抗抑郁剂起效都是比较快的，甚至有脱胎换骨的感觉。因此都会擅自停药，然后停药复发。这种重生以后再坠入谷底的感觉的确是一种毁灭性的打击。

后来，我的病情逐渐发展。比如，2011年我减药复发之后，单独服用抗抑郁剂，就不再有持续的亢奋状态，要么伴随焦虑，要么经常出现波动，甚至后来带药也会复发。现在分析起来，尽早服用稳定剂十分关键，以免错过最佳治疗时机。

这些年我认识了很多病友，发现大家病程、症状还有药物反应的差异性非常大，所以用药没有普适性。一般都是自己配合医生长期摸索和试探，直到找到一个适合自己的方案。

【点评】这一点非常重要，千万不要看别人吃什么药好了，就一味效仿。

问：那你怎么办？寄希望于医学进步，开发出对你有用的药？

答：我当然期望未来医学有所突破。但我也知道，这个领域的发展是非常缓慢的，几十年间药物就那么几种，原理也都差不多。病人不仅病情差异性大，对药物的反应差异性也非常大。

医生诊断时不能借助于仪器和化验，只能靠病人主诉，这都给治疗带来了很大困难。最好的名医也无法一步到位、精准治疗、确保疗效。更多的是和病人一起摸索适合他本人的方案，每个人都是一个特殊的案例。

【点评】这个认识是非常理性的。现代医学对精神疾病的认识还很粗浅，加之抑郁症、双相都是异质性疾病，每个患者的情况都不一样，甚至每个患者在不同时期的情况也不一样，很难实现精准治疗。对治疗要有信心，但也不能指望立竿见影，要做长期打算。不然就很容易由希望转为失望乃至绝望。

关于人生

问：你一直坚持着。这是最重要的。讲一讲你是怎么做到的吧。

答：不是没有动摇过。放弃、动摇的念头，简直就是家常便饭，尤其是在极度痛苦的状态下。

这个病和其他病的区别就是，它直接影响人的思维，动摇人的意志。所以我不觉得放弃、动摇的人就是弱者，他们真的很难控制，世界末日的感觉对他们是真实的。

支撑我的力量，一个来自家人，我要对他们负责；另一个是我相信科学，比较理性。我强迫告诉自己这是症状，一定会过去，哪怕当时主观上不相信。只有这样，我才能坚持治疗。我知道能拯救我的只有自己。

问：我看到微博中的你和微信朋友圈中的你，是两个世界的人。微博上，你敞开自己，记录了你的治疗经过；微信上记载了你的其他生活，完全看不出疾病对你的影响。这是出于什么考虑?

答：微博是匿名的，算是一个专区，是和有同样困扰的病友交流的平台。大家更多的是关注疾病，互相加油鼓劲儿。朋友圈都是熟人，在那里，我并非有意回避自己的病情，其实很多人都知道我的情况。我只是认为没有必要在那里过多提及，这并没有什么意义。

当然有些科普的帖子，我可能会发到朋友圈，增加朋友的认知。另外，你看到我在朋友圈积极的一面，也是真实的我，不是刻意“展示”。病情缓解的时候，或者让自己转移注意力的时候，我和正常人是一样的生活状态，这都是非常自然和发自内心的。假如有一段时间看不到我更新朋友圈，那可能就是我没那个兴致了。我也绝对不会强迫自己。

问：当你怎么治疗都没有效果的时候，你相信什么？

答：这个问题一般到迟暮之年才有资格回答吧，但是我现在就有足够的底气回答：我相信命，也相信个人选择。

两个回答看似矛盾，怎么讲呢？我觉得，首先，命运是很难违背的。比如，我的病情，我自己也不知道它什么时候会来，什么时候会走，我也不知道为什么我得了这个病，别人没有得。但是面对命运，每个人都有不同的选择。有人选择放弃，有人选择面对它，和它博弈。

最近看了人机围棋大战，我有个感受，就是我和命运也在下一盘棋，一盘大局。你纵观权衡，走出一步棋，永远不可能知道它会怎样回应你，而且也不能够悔棋，你能做的就是走好这一步。

当然有人选择直接缴械投降，比如自我沉沦，甚至放弃生命。其实不论哪种我都尊重，这就是个人选择。但我的座右铭是：尽人事，听天命。

尽力，你就不会后悔；认命，你就学会了宽恕。

对话者◎小橙子；张进，本书编者，“渡过”公众号创始人。

当然有人选择直接缴械投降，比如自我沉沦，甚至放弃生命。其实不论哪种我都尊重，这就是个人选择。但我的座右铭是：尽人事，听天命。尽力，你就不会后悔；认命，你就学会了宽恕。

光明

题记

你受的苦、吃的亏、担的责、扛的罪、忍的痛，最后都会变成光，照亮你的路

没有人愿意得病，尤其是精神类疾病。

但是，疾病往往不期而至，让你猝不及防。这个时候，我们能做的，除了积极求治，更要接受得病的事实，接受不堪的经历；接纳自己，包容别人。

在绝望中尝试，在尝试中等待，在等待中改变，在改变中重生。这个世界不完美，但我们仍然可以自我疗愈。

一位从疾病中挣脱而出的患者说得好：你受的苦、吃的亏、担的责、扛的罪、忍的痛，到最后都会变成光，照亮你的路。

终极自信是自我接纳

自信是人人都想获得的东西，多数人却可觅而不可得。自信藏在了哪里?

这两年，经常有相熟或不相熟的朋友来找我，诉说自己的病理或心理困惑。病理问题相对好办，虽然凶险，但只要找对医生，正确诊断，对症下药，并不难处理；难的是心理问题，如在茫茫大海上漂浮，连坐标都不易找到，往往让你无从下手。

不久前，一位美国留学生通过网络找到我诉说苦恼。他自小就是学霸，一路凯歌高奏，直至进入哈佛。可是，在外人眼里无比优秀的他，却非常不自信。他说，自己其实能力很差，力不从心；外人评价高，是因为他把真实的自己隐藏了起来，欺骗了大家。他现在最发愁的是毕业后没有能力在美国立足，每天都纠结于要不要回国。

还有一位老兄，开了一个对个人来说挺大的公司，小有资产，时不时就去海外度假。没人知道，在强大的外表下，他内心惶惶不可终日。他觉得自己的每次成功都是侥幸，外部强手林立，内部虎视眈眈；最重要的是，他觉得自己什么都不行……

这两个人的来访，让我认识到一个现象：自信其实和能力无关，和财富无关，和权位无关，和成就无关。

曾经，我认为，一个人不自信，是因为不如人——看来，这是一个天大的误解。

什么是自信？心理学著作中定义很多，随手摘引两则："自信是个体对自身成功应付特定情境的能力的估价"；"自信是指人对自己的个性心理与社会角色进行积极评价的结果"……

这些定义过于学究，且让我作一个最感性的描述：自信就是心里踏实。再具体些：自信意味着一个人对他所处的外部世界有把握，因此不忧不惧。

这么说来，自信就不是一种恒定的东西，而是分层的、变动不居的。一个人来到人间，终其一生，都要面对外部世界每时每刻的变化。而要用自己有限的人生经验，去把握无限复杂的陌生世界，何其难也！

自信，其实就是人类在寻求社会适应的过程中所衍生出的情绪体验。如此说来，自信也好，不自信也罢，应该是一种流动的心境。而鉴于人类的渺小，自信只能是暂时的，不自信是永恒的。

故此，上述学霸和企业主，只有他们自己最清楚自己的弱点，知道外部世界其实不由他掌控，内心深处才会有种种不可名状的不安。而人的心理功能之一，是自我保护，所以他们会用光鲜的外表，掩藏内心对外部世界不可知的恐惧。天长日久，心力交瘁。

这是一出戏吗？——很多看起来很自信的人，其实是在努力表演出自信的样子。

基于上述认识，我想，如何才能获得自信？

首先，不要强求自信。

人人都知道自信是一个好东西，很多人都会努力追求自信、显得自信。成功学之类的书之所以畅销就是因为这个原因。殊不知，自信这种东西最难强求。从哲学上看，世界是不可知的，绝对真理是不存在的，井然有序是暂时的，万物运行并不总有规律可循。因此，希望拥有完全的自信，只是幻想，是精神上的自慰。

所以，不要害怕不自信。对比一下焦虑，也许可以看得更清楚。

焦虑作为一种情绪是负面的。但是，适当的焦虑并非坏事。焦虑是一个人在面临不能控制的现实威胁时所产生的情绪反应，其生理过程是：当面对挑战而焦虑时，大脑丘脑下部区域一个小小的回路会释放压力荷尔蒙，将身体置于高度警觉状态，在短时间内调动生命潜能，迎战各种危机。等到危机过去，应激反应就会自动关闭，从而休养生息。

和焦虑类似，不自信也是一种内敛的力量，克己、节制由此而生。不自信也可以激发人的斗志，逼迫自己不断拼搏和努力，“取法乎上，仅得其中”，亦是好事。

其次，尽管不自信并非全是坏事，我们仍然有必要去追求相对自信。正如心理学家艾尔弗烈·阿德勒（Alfred Adler）所言："人们所有的成长动力与行为目标，旨在追求安全和克服自卑感。"

怎么办？很简单，认识自我，认识环境，从而调整好自己和外部世界的关系。

对人性和人生的觉察与反省，才是一个人真正的强大。如果缺乏自我观照和观察的能力，不管他在世俗功业上多么成功，灵魂中的焦虑，都是摆脱不了的苦痛。

在一定程度上，这和道家的观念相应："道常无为而无不为。侯王若能守之，万物将自化。化而欲作，吾将镇之以无名之朴。无名之朴，夫亦将不欲。不欲以静，天下将自定。"

终极自信是对自我的认识和接纳。当看见内在的自我，伤痛还在，却不再抱怨。生命在穿越和成长，生命的智慧在酝酿、发育。审视自身，相遇真实，才会真正了解生命、了解人生。于是，才有真正的自信。

想到这里，我不禁心生感慨：人类的至理，不分地域，不分领域，不分年代，其实是相通的。比如，哲学家鼻祖苏格拉底早就问过："我是谁？我从哪里来？我到哪里去？"

这三个问题，如果谁能够回答，他就获得了终极自信——以有限的经验对无限世界的把握。

作者◎张进，本书编者，"渡过"公众号创始人。

当看见内在的自我，伤痛还在，却不再抱怨。生命在穿越和成长，生命的智慧在酝酿、发育。审视自身，相遇真实，才会真正了解生命、了解人生。

我如何一次次渡过自杀危机

本文作者长风是抗郁之路上的勇者，他从自身经历出发，和读者朋友谈一谈自杀这个敏感话题。他认为，自杀是抑郁症患者的终极防御，但是，如果选择了自杀，人生会从“找不到意义”，真的变为“断掉了意义”。

近日身边几个郁友自杀念头强烈，于是我就想从我的经历和角度聊聊“自杀”这个话题。

从 2000 年抑郁症暴发，到 2008 年服下最后一颗抗抑郁药，8 年期间，我写过数百封遗书、爬过楼顶几十次。无数次产生自杀念头，却没有真正实施过一次。2008 年到 2012 年，是我抗郁之路的后期，那个阶段已经接纳了抑郁，不会再想自杀。

尽管如此，我经常会庆幸地总结：为什么我最终没有选择自杀?

表面上的答案，基本稳定在以下3条：

1. 6岁起就有对死亡的“极度恐惧”，这既是造成我一切神经症状态和严重抑郁症的根源，相反，强烈的求生本能又是阻止我自杀的根本原因；

2. 父亲为了我辞职陪读陪工，我若放弃，更加对不起父亲，罪孽深重；

3. 母亲是一个内向、善良柔弱的女子，父亲和我就是她的全部，我若放弃，她根本承受不了这个打击。

我为什么曾经想自杀

自6岁就对死亡有着“极度恐惧”的我，在抑郁症前半期长达8年的时间里时常会联想到“自杀”，这样的心境非亲历者真的是很难懂的。

据统计，在中国，每年有近30万人自杀离世，其中超过20万人是抑郁症患者。单从这个数据来看，我那么严重的抑郁症状态，想自杀实属正常，没有实施倒是幸运。但是，我相信每一个想自杀或者自杀的人，心路各有不同。

2000年，我抑郁症暴发，是暴风雨突袭的阶段。这一年，我人生中第一次想到自杀，第一次站到楼顶。发病原因，大概是2000年以前数年焦虑、失眠、强迫、死亡恐惧导致神经质症状，逐渐升级为神经症，后经积累和挤压暴发为严重的抑郁症。我的身心一下子失去了支撑，精神的崩溃让我带着求生的本能向死亡靠近，第一次站到了生与死的路口。

暴风雨让生路变得黯淡，但死亡的路更是漆黑一片。

2000年到2003年，是我抗郁路上最黑暗的3年，遗书写得最多，自杀念头出现得最频繁。大多数时间将自己囚在屋里、躺在床上，没有能量去寻求自杀，也没有太多的应急冲突逼自己去实施自杀。我现在都回忆不起来那几年是怎么熬过来的。

有的时候，很庆幸自己喜欢写遗书。现在想来，写遗书本身就是一种情绪的宣泄，是对自己自杀的一种挽留。那3年，虽然我慢慢适应了暴风雨，但也被暴风雨冲击得一次次失望直至绝望。绝望是一种什么感觉？那就是站在生与死的十字路口，你会越来越分不清前方的道路，因为生的方向与死的方向一样黑暗。

2003年到2008年，从看到曙光到服用最后一颗抗抑郁药，这5年的我是分裂的。一方面，我拼命地为自己强行鼓劲儿，带领郁友们一起抱团取暖，暗示自己要顽强地活着；另一方面，我被抑郁症、神经症折磨得疲惫不堪，现实中一遇到风吹草动就变得敏感脆弱……

这段时间，遗书写得少了，整体上讲自杀念头出现的频率降低了，但是自杀闹剧（是指自杀行为影响到了周围除父母以外的人）出现的次数却增加了许多。而随着年龄的增长以及社会阅历的增多，我面对死亡的胆量也在逐渐增长。

顺的时候，身边人看不出我的异常，郁友眼中的我充满了阳光；不顺的时候，我竭力压制、隐藏情绪，压得久了就容易决堤、崩溃，自杀的计划便会提上日程。所以，当我走在积极的抗郁道路上时，当我在周围人眼中是正常甚至阳光的时候，当我敏感、脆弱的心在经历很大的挤压时，我依然“向往”着黑暗，会突然迷失生的意义。

如果我选择了自杀

或许，那么痛的经历我能熬过来，已然说明曾经脆弱的我背后亦有坚强的一面；

或许，那么多的遗书、那么多的楼顶徘徊，却没有一次实施，我真的是缺乏一份勇气；

或许，那么多人因为抑郁症离开，而我斗了近十年依然活着，也是一种命运。

在抗郁后期，我经常对郁友们说，我很庆幸我没有选择自杀，现在想来，那时候在鼓励大家的同时，也在鼓励自己罢了。

其实，我现在更喜欢把过去的选择看成一种命运。我在享受当下生活，努力发掘未来生活的意义。我真正庆幸的是，我的父母在陪我渡过抑郁磨难之后，依然为儿子骄傲；我也替胖子庆幸，她能找到一个如此对她脾气的老公；我也为一些因我留住生命、因我重新振作的郁友感到庆幸，我们都明白了：人活着，再痛苦都有意义。

如果我选择了自杀，我不知道在通往死亡的那个瞬间会不会后悔，不知道我的父母会怎样面对今后的生活，不知道周围的人会怎样纪念我，不知道世人会不会相信我其实并不是一个懦夫……地球离了谁都转，如果选择了自杀，人生会从“找不到意义”真的变为“断掉了意义”。

我尊重选择自杀的郁友

一路走来，我见证了很多抑郁症患者选择自杀，甚至也从死亡线上拉回来几个战友。

坦白地讲，不管是遗憾离开的，还是幸运放弃了自杀的，我都很理解、很尊重。

我曾经多次说过，我尝试过除电休克、开颅手术外我所知道的一切方法，这其中也包括宗教（主要是佛教和基督教）。宗教虽然没能帮我走出抑郁，但是其中的智慧与爱还是让我受益匪浅。宗教多是反对自杀的，我也常以此去劝阻有自杀念头的郁友。然而，我依然尊重选择了自杀的郁友，尤其是逝者。

每一个自杀的郁友，他的的确确是病了，而且他也的的确确努力过。

人们常说，责任心强的人容易抑郁，其实应该倒过来：抑郁症患者往往责任心强，选择自杀实是有人们无法理解的痛苦与绝望。

中国有句俗话叫“好死不如赖活着”，对于严重的抑郁症患者来讲，活着的确需要勇气，可是选择死亡又何尝不是勇气的决定呢？自杀也是一种选择，不应该把自己置于道德和理论的高点。对因抑郁症而自杀的人，可以不理解，但有必要尊重。

我从来没有觉得走出抑郁的我，比在抑郁中选择终结的人更勇敢、坚强。但我希望正在抑郁中想过自杀的郁友们，在痛苦中去体会活着的意义，而且明白抑郁症是一种病，并坚信自己能得到医治。

活着就是希望，活着就有意义

这句话，在常人看来似乎就是常理。

然而，在我抑郁严重的时候，我觉得这就是一句废话，因为跟我无关。

对于很多郁友来说，他们正是因为看不到活着的希望，找不到活着的意义，才想到自杀。不是每个人都有像我童年对死亡极度恐惧一样的体验，也不是每个人都一定有一个全力支持他的家庭。

那么，如何让有自杀念头的人相信“活着就是希望，活着就有意义”呢？我想从我的角度分享一下：

1. 说出来

说出来、写出来，本身就是一种情绪的宣泄，解决不了痛苦，却能化解绝望。说出来，身边人会有不理解的，但总有人可以帮你。

2. 改变认知

改变认知最重要的是，让他知道自己病了，去了解抑郁症。

其次是要明白：自杀念头与求生本能实际是一对，既要接纳自己的自杀念头，又要发现自己的求生本能。

3. 行动起来

求生还是求死，痛苦都在那里。求生是一种勇气，求死同样也需要勇气，痛苦地活着其实是更好的选择。

求生，路在何方？求医问药。

4. 寻求家庭 / 社会支持

对于抑郁症患者的自杀，很多时候家属防不胜防。但家庭始终是第一道屏障，要筑好。抑郁症是实实在在的精神疾病，陷入者有时真的难以抵抗自杀，非常需要社会的理解和支持。

作者◎长风

那些压不垮我的，只会让我变得更加强大

本文作者是一个急性短暂性精神障碍患者，今年29岁，病史可以追溯到2010年5月，到现在为止已经6年。她用自己的患病经历告诉我们：所有经历过精神疾病的人，内心必然是无比坚强的。那些压不垮我的，只会让我变得更加强大。

从2010年5月患病至今，6年期间我时好时坏，一直没有停止过吃药，到现在为止，病情已经基本得到控制。

在这里，我想跟大家分享一下我的发病经历。

疑 惑

这么多年以来，我一直在想一个问题：我为什么会突然得病？

我个人认为，也许是因为我不知足。从小到大，我算是一个中等偏上的孩子，没有做过最优秀的那一个，也特别满足于这种状态，觉得这就是自己。我不求最好，但求最快乐。而且我一直觉得我的确是那个很快乐的人，万万没想到自己会和精神疾病扯上关系。

2009 年，我去英国读研究生，在那里的一年彻底改变了我，包括我的认知和我对生活的感受。

在英国期间，我第一次真正接触到了基督教。

从小到大，哪怕是大学期间，我都没有真正地离开过自己的城市。到了英国，才是第一次真正脱离家庭，来到一个完全不属于自己的地方。那份孤独感可能是自己一直想要找精神寄托的动力，而基督教的家庭式接纳也使我觉得并没有真正地离开自己的家。这份精神的归属曾经一度让我觉得一定要做一个基督教徒，成为像基督耶稣那样的圣人。

然而熟悉宗教的人都知道，基督教是让人认罪忏悔的。要成为基督教徒首先需要认罪。在我逐渐接触的过程中，认罪和自我反省成了我每天都会经历的一个心理过程。也许是这个过程过于频繁而强烈，我变得越来越纠结，甚至一次次号啕大哭。原因是我身上背负着如此多的罪恶，以至于我失去了生命中很多本来应该陪伴在我身边的朋友。

然而当时我完全没有意识到自己其实已经变得非常不正常。过分的自我反省加上毕业论文的双重压力，使我在某一天晚上突然就崩溃了。

这是我这辈子都不会忘记的一个夜晚。整整一个晚上，我都在号啕大哭。现在追溯原因，我甚至不记得当时为什么哭泣。

但是有一幕我印象非常深刻，那就是我真真切切地感受到了上帝的存在。这股力量过于强大，以至于我被震撼到（也可以说是感动到）无以复加的程度。

坚　持

后来的几天，我被送入当地一家精神病医院接受治疗。大概 3 天的时间，我终于恢复了正常。回想起来，那个时候我其实已经出现了幻象。当时医院的诊断结果是 Adjustment Disorder（适应性障碍）。然而 3 天后，我意识恢复了，一切就像没有发生过一样。

在那之后，我有很长一段时间都非常健康、正常。可是好景不长，后来的 5 年里，我间歇性发病很多次，原因就是自己以为好了，擅自停药。每一次发病，都是在经历了一些压力的情况下发生的。

复发时，我脑海里多次出现过幻象。脑子里像过电影一样，一遍一遍地出现不同的镜头。甚至有一次发病，是在我结婚办婚宴的前三天，当时脑子不正常到完全没有自理能力。这种感觉既恐惧，又痛苦。

有一次过年期间，大年三十晚上我突然发病，胡说八道又哭又闹。我爸把我搂在怀里像跟小孩子说话一样哄我睡觉。如果我没记错的话，他当时跟我说了一句话："你知道你爸我今年多大了吗？我都五十八岁了，你不能再让我这样操心了。"

然而幸运的是，我没有一次想要自杀。家人和丈夫的陪伴与支持，在我最需要的时候给了我很多很多的慰藉。

在北京安定医院终于被确诊，我的病情属于急性短暂性精神障碍。所庆幸的是，药物控制使得我在近两年里没有再次发病。我知道如果一旦发病，给自己和家人带来的痛苦是非常巨大的。

因为出现幻象，我发病期间的整个过程都非常痛苦，度日如年。很多没病的人会觉得，得病就是自己想不开，但是当你真正经历过这些你就会知道，生病是一个自己与自己战斗的过程。

很艰难，不是单纯靠意志力就可以战胜病魔的。也许生理上的疾病可以靠意志得到一些缓解，但是精神上的疾病完全不同。真的没有人意志能够强大到发病时，还相信自己能够战胜病魔。

感　激

最近我一直在想，也许是我年龄已经到了，因为之前经历的种种，让我深刻体会到能做一个甘于平凡的人是多么幸福。不要太有上进心，不要对自己过分苛责，让自己的精神一直处在一个比较健康的状态中。活得没心没肺、糊里糊涂，反而可能会减少很多生病的根源。

我在北京安定医院持续看病已经接近 4 年。每次在等候的时候，我总是有意无意地和周围的人聊天。大家的病情各不相同，但是有一点是共同的，那就是生病的那个人，总是被别人以为他们很想不开。无关紧要的人总是会用“你要想得开，不要钻牛角尖”之类的话，来开导这些或多或少受着病痛折磨的病友。有时候，我真的很想告诉他们：没有用的，还是乖乖吃药吧，病真的能好！

最后，想告诉大家，我从第一次发病到现在，都没有过病耻感，我甚至觉得自己所有的经历都非常奇妙。出现幻象的过程也许很痛苦，但是每次回想起来，我都非常感激，因为这是上天给予我的特殊经历。

所以正在经历病魔折磨的病友们，我真的希望你们能够早日恢复健康。也许只有走过这个阶段，你才能意识到自己有多强大。所有经历过精神疾病的人，内心必然是无比坚强的。

那些压不垮我的，只会让我变得更加强大。

作者◎Sarina

曾经以为我的世界就这么坍塌，现在看来只是新的开始

本文原本是写给本书编者张进的一封信，作者就是《渡过1》一书《寒冷的微笑》中写到的女孩。经过一年的治疗，女孩的抑郁症已经临床治愈。征得她的允许，现公开实名发表。让我们为她的勇敢和坚强点赞！

抑郁症，这个原先只是从新闻和姥姥嘴里听到的词语，2015年在我身上打上了烙印。

最早开始恐慌，是从三年前的中考。

远在新疆，因为太想考进内地，开始对自己的成绩偏执：第一名，一定要第一名！一直很孤僻，一个人吃饭、看书、上自习。虽然也会参加学校的各种活动，架子鼓、晚会、演讲，可只

有自己知道，自己从所做的事情中很少能获得成就感。

高三。恐惧和焦虑变得越来越强烈。和初三一样，我害怕，害怕自己某一次成绩考不好，害怕看到老师们的眼神，害怕给爸妈打电话汇报成绩。周围的一切都使我焦虑，甚至焦虑本身都让我感到焦虑。

大学。大家眼里的我一切都好，无论是在学生会还是在辩论队，我永远是最闪光、最受欢迎的那一个。没有人知道，我每取得一样成就背后所经受的痛苦，更不了解我所做的一切只是为了获得他人的认同和赞赏。

每一场活动结束后，虚荣心短暂得到安抚，我又陷入了无尽的失落、焦虑和不安中，对周围的一切都失去兴趣，失去生活的活力和愿望。我不再愿意学习，不再愿意看美剧，不再愿意出门，用暴饮暴食暂时麻痹自己。吃什么吐什么，这种活力的丧失更加让我感到焦虑。

我曾经是一个对生活充满了热爱的人，从未刻意地去追求过幸福感，但是幸福感却总是不经意地降临到我身上，即使是从家走到图书馆这样的小事，都可以让我感到满足。可是现在呢，当我用尽所有的力气去感受幸福和活力时，却发现自己根本无法高兴起来。

“不能高兴起来”这件事本身，再次让我感到焦虑，于是我更加无法高兴起来，整个人陷入了恶性循环。

每天很早醒来，无法再次入睡，也不愿意起床，就这样赖在床上，大脑飞速运转着。我不断试图把那些让我恐惧的问题理清楚，寻找可以抚慰自己内心的方法。高速思维让我的大脑超负荷运转，当达到某个临界值后，一瞬间黑屏，然后速度慢慢降下来。此时，我才能感到疲倦和一点点的轻松。

过后，我的大脑冷却下来。一定程度之后，再次开始运转，依旧循环往复。我知道自己出了问题，记忆力下降和意识模糊，情绪失控，暴饮暴食。

我害怕自己这辈子就这样了。

终于有一天，从李妍姐姐那里得知，有机会与张进老师交流。我仿佛看到了希望的曙光，激动得不知该如何表达自己当时的心情，不能控制地流下眼泪。

当天妈妈从新疆赶来。当晚我逃离学校，开始了解冻之路。

在安定医院，化验，和医生交流，和张进老师交流，第一次把自己积攒了20年的情绪毫无保留地暴露出来。

忘了自己是怎么在眼泪中断断续续地叙述，无逻辑地叙述，只记得张进老师和姐姐一直耐心听着。看完病后，张进老师继续跟医生交流，确认我的病情，交代好我后续的看病安排。

在姐姐家里的一个月，现在想来真是我最安逸舒心的日子。参加了姐姐的婚礼，家庭聚会我也是其中一员，结识了很多善良优秀的姐姐。亲姐姐也不过如此，一家人让我在大北京第一次有了归属感。

张进老师在朋友圈发的每篇文章、每张照片都会给我力量。还有那本《渡过1：抑郁症治愈笔记》陪伴着我，见证了我的新生。

是的，新生。

这一年，我不断重新认识、塑造、挑战自己。坚持服药之余，不知道从哪里入手的时候，我就把自己扔在操场，一圈一圈地跑。和身边的同学交流，打开自己狭隘的世界；和老师交流，改变自己曾经偏执的看法；直面考试，在自己的学科中思考学习方法，恢复自己的逻辑。

这些可能都是量变。2016 年暑假实习之路，也是从这里开始，心态真的开始改变。从最开始的笔试被拒绝，到面试被拒绝，没有退却的我，最终拿到了实习的机会。

那些曾经显得那样巨大的、无法逾越的痛苦和焦虑，突然之间，就这样消失了。它们走得悄无声息，我甚至都没有注意到它们，它们就消失了。

我就这样自然而然地过上了正常的生活，一如往常地爱着我的家人。该工作的时候工作，该玩的时候玩，好像抑郁症根本没有发生过。

那个曾经如此痛苦而纠结的我，仿佛是一个陌生人。

而我也同样清楚地知道，这一切都不是偶然。姐姐的那个电话，走进张进老师办公室的那一天，就是我的新生。

作者◎谭洁轩

那些曾经显得那样巨大的、无法逾越的痛苦和焦虑，突然之间，就这样消失了。它们走得悄无声息，我甚至都没有注意到它们，它们就消失了。

我能选择和不能选择的事情

既然命运不能选择，那就选择坦然接纳。本文作者出生于一个不幸的家庭，一次次被命运重击，凭着坚定的信念走了过来。他说：“命运也许会扭曲我的成长环境，但扭曲不了我对光明和美好的追逐；命运可以暂时使我深陷苦难，但不能击溃我的灵魂，阻挡不了我重获新生的希望。”

扭曲的家庭

1988 年，我出生在一个贫困的农村家庭。我有一个大我 3 岁的哥哥。哥哥先天性生殖器官畸形，我是被批准的二胎。3 年后我又有了一个妹妹。妹妹的出生使我们本来贫穷的家庭雪上加霜。

哥哥生来就很不好养。整个童年期，每次看到父母因为哥哥吵闹伤透脑筋，我就表现得特别乖、特别听话，特别想做一些事情讨父母开心。这恐怕就是抑郁的种子。

2000年，我12岁。一直内向的爸爸因为邻里矛盾开始喝酒，“喝酒壮胆”后能出去和人家打架。这一喝就是12年，每天嗜酒如命，离不开酒精的麻醉。

这12年，在我眼中爸爸从一个内向的农村壮汉，一点儿一点儿变为嗜酒如命的疯子。酒后的他成了另一个恶毒的男人，瘦骨嶙峋、面容憔悴，让人看着害怕，没有一丝父亲的味道。我在他恶毒的怒骂中变得很少说话，本来就内向且个子又不高的我，更加内向，体形越来越胖。

苦闷求学

初中毕业后，因为交不起重点高中的学费，我凭优异的成绩进入最差的高中，免收学费。内心的苦闷让我的世界变得黑暗。午休时，大家都在睡觉，我独自在教室里学习，脑子里萦绕的是毁灭世界的幻想，还有各种诅咒。

高三我开始不上课，逃课。大家都怕班主任，但是我最喜欢被班主任批评的感觉；大家都惧怕被班主任用大号的量尺打，我却感觉很舒服。特别是在期中或者期末考试临近的时候，我更是难以忍受在教室里待着。

我读的高中是封闭学校，可我总能想办法跑出去。我喜欢

“逃”出去的感觉。晚自习，独自走在黑漆漆的路上，感觉一丝喜悦。被班主任查到旷课，就会被训斥。我喜欢被打、被训斥的感觉。

高三下学期，我在宿舍割腕，送到医院后，缝了六针。这个伤痕至今在我的手腕上清晰可见。母亲被学校叫来，带我回家休养。面对父亲无休止的疯狂辱骂，我就静静地躲在卧室里听。

一个月后，爸爸要求我复学。回到学校后才知道，教室里已经没有我的位子。我们收拾好行李，被送出学校。到高考前一天，班长通知我学校为我安排了宿舍，可以去考试。

我的高考成绩只能上专科，高职。有过被“开除”的经历，我异常珍惜这次上学的机会。我明白只有上学才能让我摆脱这种生活状况，才能过得比父母好一些，生活的痛苦和劳累才会少一些。

开学时，要交 9000 元学费和其他的费用，家里只能给 6000 元。我拼命学习，好好考试，申请国家助学金，申请助学贷款，兼职打工。专科 3 年，家里就为我交了那 6000 元。妈妈总是抱怨我的生活费花得太快太多了。大二时妹妹高考，我就再也没向家里要过钱。

专科毕业，通过专升本考试，我考上了一所本科院校，上了两年本科。

雪上加霜

那些年，家里的一个变故是哥哥离家出走，一去五年没有音信。爸爸依旧是酒精依赖，麻醉、消沉，甚至幻听。

2012 年，经过许多周折终于寻到哥哥的下落。我和爸爸妈妈见到哥哥时，他的头发长长的，胡子只长了几根。满脸憔悴和瘦弱，衣着很旧很脏。

后来，哥哥居然结婚了。嫂子是精神分裂症患者，长期服药。刚开始，我很反对这桩婚姻。在我的家族中，奶奶、姥爷的弟弟、姨妈都有明显的精神疾病，有易感性因素，嫂子的到来无疑是雪上加霜。对她本人来说，我们家也是火坑。但是嫂子的到来，让哥哥的性格变得开朗起来；爸爸和妈妈搬到了另一个新家；哥哥和嫂子自己过日子。

又一年，爸爸胃病发作，多日滴水不进，不得不去医院检查，发现胃部几乎都溃烂了。医生下了病危通知书。之后他再也没敢喝酒，一直坚持到今天。

追逐光明和美好

从 2008 年上高三时起，我就感觉到了自己的病态，从精神到躯体。从那时到今天，我一直断断续续服用抗抑郁药物。

刚开始那几年，我不愿意长期服用药物，想靠意志力战胜抑郁情绪。每次试图扔掉药物自己站起来，结局却是一次比一次严重。不得不去医院，不得不吃药。从 2008 年到今天，我记不清有多少次想死，一了百了，离开这个充满了凄凉和负累的世界。

艰难中，我本科毕业，2015 年考上了研究生，由计算机专业跨到了心理学专业。我还结婚了。

现在，我活下去的欲望越来越强烈，感受到的人间美好也越来越多。能四肢健全、健康地活着，就是莫大的幸运。我还渐渐爱上了摄影，拍摄令我感到美好的景象。

来到这个世界并不是我的选择，出生在贫穷愚昧的家庭不是我的选择。我很庆幸自己经历了那么多绝望，还能坚持活到今天，还能走在人生的正轨上。

命运也许会扭曲我的成长环境，但扭曲不了我对光明和美好的追逐；命运可以暂时使我深陷苦难，但不能击溃我的灵魂，阻挡不了我重获新生的希望。

作者◎季善玲

一生的战役

本文是一位双相患者的亲身经历和所思所想。文中记载了他换药的过程，以及用药的效果。不过，抑郁症是一种特异性疾病，也就是说，某种药对某位患者有效或无效，并不代表对其他患者也有效或无效，特此说明。

我患双相情感障碍多年。2015年初，我决定减药，减奥氮平。不是出于对病情的乐观，而是想要减少副作用，用最小的剂量换取最大的稳定。

咨询师曾经问我，如果冒着复发的风险，你还要减药吗？我很肯定地回答：减。

后来，我曾经给别人写了这样一段话："每一个服药的人，一开始，都很难接受一个事实——我必须依靠药物才能保持正常。每一个服药的人，都很想尝试，只是依靠自己的力量去行走于世间。当我们感到自己内心的力量逐渐强大起来的时候，我们往往会想要尝试停药，去看看自己是否真的已经长大。所以，停药，有时候，我并不觉得是一种需要被谴责的行为。他其实也是一个人在寻找他自己，在成为他自己。”

复发，深陷抑郁

写上述这段话的时候，我已经复发，深陷抑郁，并且面临着一个十分棘手的问题：奥氮平失去效果了，怎么办？

复发 4 个月之后，我重新看医生，医生给我加了碳酸锂和米氮平，而米氮平加剧了我的躁郁循环。我开始躁狂，且出现妄想，长时间的折磨让自己时常徘徊在自杀的边缘。

我又等待了几个月，想确认这种情况能否通过用药时间加长而得到改善。直到 2015 年 9 月，我放弃了这种想法，决定再看医生。

转机突然出现

这次我连医生都换了。这位医生，也给我大幅度换药。抗精神病药和抗抑郁药全部换掉，换成喹硫平和安非他酮，搭配碳酸锂。

最开始，我对用安非他酮有顾忌，担心它会像米氮平一样加剧我的躁郁循环。因此我只用喹硫平和碳酸锂，用了一段时间，毫无效果。最后，抑郁得实在忍受不了了，即使有可能躁狂，我也要加安非他酮。

然后我就加了。加的时候，我对它极度不信任。我既不相信吃了它能治疗抑郁，也不相信吃了它不会导致躁狂。我只是为了表示我还没有放弃而加上了它。长时间的药物无效，让我徘徊在痛苦和绝望的深渊里，一次次想要放弃生命。对于药物在自己身上的作用，已经不抱希望。

然而，没有想到，正是这次加安非他酮，只用了一片，就完全改善了我的状况。

改善之后，我花了一段时间来确认自己是否处在躁狂相。对自己是否康复，我仍然不敢乐观。我反复用改善后的自己和之前躁狂的自己做对比——之前思维奔逸，精力旺盛，觉得自己领会了人世间所有的真理，觉得自己能力非凡——这些都没有在改善后出现。

一生的战役

于是，我稍微放心——也只是稍微放心。

双相，由于其高复发率，并非两三年就能完全治愈。它是一生的战役。也许，我们中的一些人可以停药。然而这一生，你都要重视自己的情绪，重视自己处理情绪的方式，重视如何对待自己，给自己的心一个温暖而宽松的环境。

有朋友曾经问我，康复后是什么感觉？我告诉他，坦然而从容，深刻而豁达，坚定而自信——这就是康复的感觉。

疾病的痊愈，也是一个人学习如何爱自己的过程。正是因为疾病，我才察觉到，之前自己对自己是多么缺乏了解。当我开始尝试重新认识自己的时候，这种对自我的理解与懂得，会比从前深沉许多。

放弃与坚持的矛盾，狂妄背后的自卑，绝望中的忍耐，脆弱中的坚强。这些，才是真实的我。

当看到了真实的自己，我尝试着去宽容；而正是慢慢对自己的宽容，也让我宽容了世界。因为，我是如此平凡；他人，也是如此平凡。世界，本身就是不完美的。

在绝望中尝试，在尝试中等待，在等待中改变，在改变中重生。这个世界不完美，但我们，仍然可以疗愈自己。

作者◎砚谷墨清

在绝望中尝试，在尝试中等待，在等待中改变，在改变中重生。这个世界不完美，但我们，仍然可以疗愈自己。

我为什么能够公开病情

本文作者刘野，高三班主任、英语教师，工作虽辛苦且充满挑战，但她自信、乐观，有一个幸福的小家庭，对工作充满激情。

她还有一个身份：曾经的重度抑郁症患者，康复快10年了。

得病之初，对抑郁症一无所知

我是2006年9月得的抑郁症。那年我23岁，刚刚大学毕业，走上工作岗位，担任初一班主任和两个班的英语教学工作。繁重的工作压力让我一时难以适应，我得了抑郁症，差一点儿就放弃了生命。

最初的症状是整宿失眠。每天工作效率低下，累得筋疲力尽，却害怕夜晚来临。在床上辗转反侧，汗水湿透被褥，浑身颤抖，满脑子都是自杀的念头。

我对我的同事说："我再也坚持不住了，我不想当老师了。"初一年级组的同事都很震惊，都像亲人一样帮助我、开导我。但当时我的问题已经非常严重，远远不是几句开导就能解决的。后来一位老师带我去医院，医生诊断结果是抑郁症，给我开了一大堆的药物。这些药物每个星期要花几百元钱，对我来说又是经济负担。

学校怕我有生命危险，让我的男朋友、我的同宿舍同事时刻不离地照顾我，还把我妈妈从辽宁接到天津。之前我根本没告诉家里人，面对自杀风险，已经不能再隐瞒了。

此时我对抑郁症一无所知，只是感觉身体彻底垮了。我也不知道是抑郁症导致我的社会功能受损，只认为自己是一个废人，活着是所有人的负担，看不到出路，死亡变得极其具有诱惑力。

科学求治是走出病耻感的第一步

我舅舅、舅妈向学校请了两个月的假，硬拉着我去辽宁师范大学接受心理干预。

最开始我并不配合，但咨询师告诉我，我的症状都是抑郁症带来的，只要治好抑郁症，这些都会随之消失。这无异于给我打了一针兴奋剂。

我开始积极配合治疗，共接受了 10 次干预。当咨询师告诉我咨询结束时，我并不放松，因为咨询结束意味着我要重新面对现实生活。元认知心理干预只是让我的症状好转，但生活的路还要靠自己去走，工作、生活中的困难并不会减少。

不过，不管怎么样，科学对待抑郁症，积极求治，是走向康复的第一步。

坦然面对疾病，周围人才会放松

我从大连回到天津，回到学校。那时，每遇到一个熟悉的同事，我都会紧张，要调动莫大的勇气去面对。

很多人得了抑郁症，生怕别人知道，别人也会私下偷偷议论。我得了抑郁症又闹自杀，而后休假，成为学校的特大新闻，一度沸沸扬扬。几个月过后，我又回到学校，再次成为议论的焦点。

虽然同事们很好奇，但很少有人会正面问起我，几乎没有人会在我面前提起“抑郁症”这三个字，只是会通过我身边的朋友私下去打听。

面对这样的情况，我也豁出去了。对于同事们的议论，我很坦诚，也很坦然。如果谁问起来，就会一五一十地讲给他听。

领导最开始也不放心，让我先听一个星期的课，第二个星期才正式接课。一个月后，我讲了一节区级教研课，有校领导、同事、区教研员等十几位老师评课。课讲得很成功，领导的心彻底放下来了。

感恩回馈，公开自己的抑郁症经历

此后我一直过着幸福平静的生活，直到 2012 年 3 月南京网友“走饭”自杀，我很心痛，在网上公开了自己的抑郁症经历，希望尽自己所能帮助抑郁症患者。

后来，《大连晚报》《天津日报》《环球日报英文版本》等媒体报道了我的经历。2012 年底，我通过国家二级心理咨询师的考试，2013 年开始正式以咨询师的身份学习元认知心理干预技术，把技术教给学生们，给孩子心理筑起一道防火墙。现在，同事失眠、学生考试焦虑，都会主动来找我寻求帮助。

对于抑郁症患者该不该公开，我认为要尊重患者本人的意见。我帮助过的抑郁症患者，愿意写出自己经历的有很多，但是肯实名站出来的却寥寥无几。如果我没有康复，我不知道会不会像现在这样坦然。

我记得病得最重的时候，2006 年 11 月初，妈妈无心说了一句：过年在天津过，不回老家了。这句话令我印象很深，我知道妈妈是害怕老家的人知道我得了“神经病”，不想回去面对亲人。

现在我的家人都支持我去帮助更多的人，因为他们不再担心我会复发。 歧视的根源在于社会缺乏关于抑郁症的基本知识，更在于抑郁症治疗的低效。如果抑郁症能够高效治愈，相信患者就能坦然面对，社会的歧视自然会消失。

这条路还会很漫长。让我们一起努力，希望有一天抑郁症能被高效的医学和心理学彻底攻克。

作者◎刘野

孩子，别怕，我们陪你走下去

这是一对伟大的父母。没有人愿意将自己孩子的问题公之于众，没有人愿意在回忆中再痛一次。但他们做到了。也许他们的经历，能给同样面临困境的父母以启发；而同行者的鼓励和支持，更将给予他们走下去的力量和信心。

记载下来，为孩子，为我们；为惶恐的今日，为期待的未来；更为了在“渡过”的旅程中，能够“他渡、自渡、渡人”。

初次发病

我们曾经是令人羡慕的三口之家，夫妻恩爱和睦，日子富足安逸；儿子聪明伶俐，性格外向，守规矩，会思考，爱表现，与父母关系融洽。

从幼儿园到初中，我们都努力给孩子创造最好的条件。琴棋书画，只要是孩子愿意学的，我们都支持他，也不要求学出什么名堂，只想让他多点儿兴趣爱好，留点儿后劲儿给未来。

然而，命途多舛，孩子 10 岁那年，突如其来的状况把我们打蒙了。

起因是感冒引起肺部有一点点感染，但接下来的情绪变化却使我们茫然无措。孩子情绪低落，简单的功课也不会做了，浑身不舒服，在家动辄就哭。一会儿觉得自己受委屈了，一会儿又觉得自己被感动了，说自己是追求完美的人，压力太大。

理智告诉我们，要去医院。我们带孩子走进了精神科专家的诊室，几分钟简单的问诊后，专家大笔一挥“情绪障碍，盐酸舍曲林 25mg，富马酸喹硫平片 0.05g”。

“情绪障碍”是个什么病？用药会有什么副作用？我们有一连串的疑问。但面对病人排着长队等待就诊的现实，专家没有时间详细解释。药品说明书上一行行触目惊心的副作用，更加剧了我们的恐惧，拿着药的手不停发抖。孩子才 10 岁，把这些药吃下去会怎样？最终，我们只给孩子吃过半颗富马酸喹硫平片。

绝望中，家人给我们介绍了一位学过心理咨询的朋友——A 老师。在他的帮助下，孩子居然奇迹般地日渐好转，康复了！孩子从出现状况到恢复正常不到 10 天。

病情起伏

生活恢复了正常，乌云散去见阳光。殊不知，病根并没有拔去，已长在孩子身上。

2013 年小升初，孩子如愿进入本地教学质量很好的私立学校，学习压力一下大了很多，频繁的考试和排名也不断打击着孩子的自信心。成绩一直在中等左右徘徊，自负中难免又有些自卑。

2014 年 10 月，孩子又出现状况，晚上睡觉困难，白天注意力不集中，情绪低落，总是害怕有什么不好的事情出现，总是有自责的心理。我们第一时间求助了 A 老师，A 老师对孩子进行了心理疏导，教给了他呼吸调整法。

A 老师的疏导有一定效果，但并不是立竿见影，特别是睡眠状态改善很慢，七八天后，孩子才恢复到正常状态。

2014 年 12 月，焦虑状态再次重现。2015 年 4 月、6 月、8 月，焦虑状态频发，每次起因都是孩子觉得自己特别自信的学科考得不理想，继而睡眠不好，接下来思维混乱，简单的题也不会做了，然后又慢慢好转，最后又恢复正常。

我们心里着急，但不好表现出来。只有至亲的几个人知道孩子的问题，对老师也只是说孩子学习压力大，生病发烧了。我们按 A 老师的建议，尽量在学习上给孩子减压，在生活上给予无微不至的关心。每天晚上我们都轮流陪他睡，放催眠音乐，观察他情绪的变化，给他做心理疏通。

但每当焦虑出现时，这些措施都显得那么苍白无力。好多个无眠的深夜，我们陪着他，抱着他，听着他的呼吸声，一动也不敢动。当他睡着，有节奏的呼吸声响起时，当天悬着的心才落了地。

A 老师是坚决反对用药的，认为药物会控制大脑，让人混混沌沌。我们受她的影响，这期间一直通过语言疏导，从未考虑过用药。焦虑状态时，孩子会变得深沉、懂事，关于人生、理想、情绪控制、自我解压等，理论上都是一套一套的。难受时，他会主动向 A 老师求助，打电话，上门咨询。

我们也想尽办法，既然焦虑的起因是学习上的难关，那就从学习入手帮助他，四处联系培训学校，找有心理辅导的学校，对各科进行一对一辅导，帮他在学习上找回自信心。当孩子笑着对我们说“这道题想出来了”，当孩子又开始闹着要玩游戏看电视，又开始调皮捣蛋不听话时，我们知道孩子又恢复正常了。

从绝望到希望

好景终究不长。2015 年 8 月，暑假期间，没有任何学习压力，焦虑状态又出现了，而且一次比一次厉害。在外旅游都不能缓解，语言疏导越来越不起作用。

我们黔驴技穷，托朋友尽快挂了一位名医的号，同样是没问几句话就让我们家长决定，吃不吃药。

我们问了句："教授，您的号这么难挂，药吃完了我们怎么找您呢？"教授答非所问地回了一句："我的号是难挂。"他的话让我们对将来的治疗没底，只有放弃了。

大医院不行，我们就转向名气不那么大的市级医院。庆幸我们遇到了 B 医生，他诊断孩子是焦虑状态，对孩子进行了心理辅导，教他要接纳不完美的自己、正视压力等。

一周后再问诊，发现焦虑状态没减轻，便建议我们用药，舍曲林第一周每天一颗，然后加到两颗。他告诉我们，药物对孩子是安全的，治疗效果也是立竿见影的。

三天后，效果显现，焦虑渐渐远离，9 月开学进入初三年级时，孩子信心满满，我们终于松了一口气。

抗焦虑的药下定决心坚持吃，药物效果稳定，副作用微小。两个月后带孩子查血检查，一切指标正常，我们以为可以高枕无忧了。

初三的学习是紧张的，想着有药物帮着控制状态，我们开始给孩子适当加压。2015 年 12 月初，孩子又开始睡不好觉，但情绪并不像原来焦虑时低落，只是话多，静不下来，学习上不能专注；继而出现妄想妄语，说同学整他，自己摔成了脑震荡，救护车都来了，等等。

到了医院，B 医生很严肃地告诉我们，孩子的问题严重了，可能会有轻躁狂，往双相情感障碍发展。在网上查阅了有关抑郁、轻躁狂、双相、精神分裂的信息，断章取义后"对号入座"，我们彻底崩溃了。

2015 年是暖冬，我们却感到刺骨的寒冷。曾以为自己很坚强，没有什么事能打垮我们，但这次，除了以泪眼相对，竟束手无策。

每天心里都像揣了块石头，想起孩子的情况，心如刀绞，泪如雨下。什么要坚强，要伟大，要理智，要优雅，要微笑面对困境，都是站着说话不腰疼。

庆幸的是，在我们最绝望无助时，B 医生发来一段话：“心理问题其实很复杂，你儿子的情况还需要多观察，再做判断，不急，我们一起想办法，我们共同帮助他。”这给予我们精神上的慰藉！

庆幸读到了张进老师的《渡过 1》这本书，知道了病魔带给我们的是困境，不是绝境。孩子的问题是大脑的神经递质血清素、去甲肾上腺素和多巴胺失衡，是能医能治的。

我们不再恐惧，积极配合医生，加奥氮平一颗，丙戊酸钠一颗，舍曲林减一颗。

孩子对药物是敏感的，效果明显。副作用仅是能吃、能睡，专注度稍差。寒假期间，在 B 医生的建议下，逐步用帕利哌酮替代了奥氮平，努力将孩子调整到能适应学习的状态。

在停课休息近两个月后，2 月底，新学期开始之时，孩子终于正常地回到学校。

启发和感悟

在写下上述经历时，我们止不住泪眼婆娑。当未成年的孩子遭遇精神疾病时，我们是恐惧、茫然、无助的。但愿我们的经历，会给困境中的父母一点点启发、一点点帮助。

当病魔降临时，作为父母，我们非常自责，总是想寻根问底，搞个究竟。从祖宗八辈的基因到孕育养育孩子过程中的每一个环节，都是我们纠结的地方。其实，吃五谷生百病，这就是一种病，和其他任何可能发生在我们身上的疾病的成因是一样的，不是我们养育的失败，也不是孩子性格上有多大缺陷。我们要更多地以科学的态度去看待这个疾病。

精神上的疾病比较特殊，治疗精神疾病的药物种类较多，包括抗精神病药、抗抑郁药、抗躁狂药、抗焦虑药、抗组胺药、中枢神经兴奋药等，不同种类的药可以单用，也可以共同作用。个体对不同药的耐受情况不同，只要有耐心去试，就有治愈的希望和可能。

在看病求医的过程中，要不急不躁，给予医生充分的信任，寻找一位有仁心、能建立起长期沟通的医生，比找一位医术高超的医生更重要。

对孩子，要尽量降低对他的期望值，这样才会减少引起疾病复发的外在风险，才能在治疗和用药时不瞻前顾后，不患得患失。不要因为孩子没有达到与其智商相匹配的成就而遗憾，让孩子做个健康快乐的、自食其力的平凡人足矣。

作为父母，要付出更多的细心、耐心和爱心，去对待患病的孩子。夫妻齐心，不抱怨、不推责、不放弃，互相提醒，互相安慰。

目前尽管孩子的状态并未恢复到最好，但他已能去上学，基本跟上了学校的节奏，我们倍感欣慰。100 天后能顺利参加中考，是我们近期最大的愿望。之后，我们会为他选择一所压力不那么大的高中去完成学业。

与病魔抗争的路途是漫长的，也许荆棘密布、风雨飘摇，但我们会紧紧相拥、同舟共济。人生道路漫漫，生命中既有不能承受之轻，又有不能承受之重。轻时不飘浮，重时能负荷，泥泞颠簸的小路通向坦途，风雨过后终见彩虹！

孩子，不怕，我们陪你一步步走下去，今日、明日；今年、明年。

作者◎一丁

人生道路漫漫，生命中既有不能承受之轻，又有不能承受之重。轻时不飘浮，重时能负荷，泥泞颠簸的小路通向坦途，风雨过后终见彩虹！

我的抗郁“三部曲”

抑郁症确实是令人恐惧的魔鬼怪兽，让患者苦不堪言，痛不欲生！但抑郁症既是魔鬼也是朋友，正是在控制这个魔鬼的过程中，这位患者的心智得到成长，体验了完全不一样的人生。

大约是 2015 年 3 月，我得了抑郁症。现在，我从抑郁情绪里暂时缓过来了。

认识我的魔鬼朋友

一般人认为，抑郁就是长时间的情绪低落和不快乐。只有深陷抑郁，你才会知道，情绪低落和不快乐只是表象，实际上你对任何人和事都失去了兴趣和激情。就像一个魔鬼进入了你的脑壳，它让你真切地认识到你是一个彻底无用的废物，是行尸走肉，是社会和家庭的累赘。

最痛苦的是，尽管你抑郁了，但你还是能感知抑郁之前的你，你还是会有抑郁之前的正常思维。两种思维在你脑子里不停地转换，抑郁魔鬼总是占据上风，让你内心苦不堪言，但你却面无表情，不喜不悲。

也正因如此，走过抑郁的人都有重生的感觉，体验到极致的愉悦。这是没经历过的人永远也无法体验的那种幸福。

但也要知道，在通往恢复的过程中没有捷径，更没有径直的路线，中间一定会有反复。

行动，行动，再行动

走过艰难岁月，我把自己的抗郁经历总结为“三部曲”。

第一步，相信自己能好起来；第二步，行动，行动，再行动；第三步，坚持运动。

说到抑郁症的治疗，我感觉不能只靠自己硬扛，等待自愈，而必须寻求外部专业治疗。

关于外部专业治疗可分为两大类：一类是药物治疗，另一类是心理辅导。

我个人倾向于，在病情持续恶化，心理和躯体不适都很难熬的情况下，还是选择药物治疗。

需要说明的是，药物治疗抑郁是一个非常专业的领域。西药发展到今天已有好几代，药物种类也有很多种，但精神类药物用药一定要谨慎，需要找专业医生指导，不能擅自用药。

作为抑郁症患者，无论是什么程度的患者，心理都已经被抑郁魔鬼占据上风。你的脑子持续蒙上了很厚的一层雾，是你的正常认知不能穿透的。在条件允许的情况下，应该寻求心理医生的专业辅导。

在选定医生、接受心理医生咨询前，请你和你的亲人一定给自己这样的信念，那就是：相信医生，按照医生说的去做。

还有，看心理医生时，一定要有最亲的人陪你一块儿去。我个人觉得，你的亲人更需要心理医生的指导。抑郁的你，凭借残存和脆弱的思维，难以支撑心理医生的辅导；正确的、持续不断的认知训练，才能真正帮助你，让你恢复良性循环。而认知训练，没有亲人的鼓励和陪伴，可能无法完成。

写下自己的认知和感受

抑郁症另一大类治疗方式就是自己指导自己。这需要你有足够的心理学知识和毅力。如果没有办法获得专业的高水平的心理医生的指导的话，就通过看书来指导自己。我推荐的还是《伯恩斯新情绪疗法》这本书，从中你将间接获得世界上最知名心理咨询师的指导和帮助。

《伯恩斯新情绪疗法》重点提到了抑郁症患者的十大认知错

误，分别是：要么一切要么全无；过于概括；心灵过滤；贬损积极的东西；跳跃式结论；夸大与夸小；情绪推理；“应该”陈述；贴标签与标签不当；归己化。

发生在我身上的感受跟上面十条都很像，正常的我不会有这样的想法，或者很淡很淡，一闪而过。但抑郁之后，它们真切地占据了我的大脑，深信不疑，不能自拔。

面对这些错误认知，伯恩斯博士给出的应对方法就是一一列出你的错误想法。也许有人会说，作为抑郁病人的你如何有能力知晓和应对这些错误?

像我前面说的，抑郁病人是有正常思维的，或者之前的正常思维都还存在。按照伯恩斯的方法，一定要将这些认知错误写下来，同时也将理性思维分析写下来，反驳你内心的错误认知。

这种训练对正常人也适用和有效。认知训练就是要激发和恢复你的正常思维，用越来越多的正常思维战胜抑郁的魔鬼思维。每一天的时间是有限的，通过不断训练和调用你的正常思维，慢慢地，正常思维占据的时间就会越来越多，负面思维就会越来越少。

就我个人感觉而言，这种做法确实有效。坚持了一个多月，我能写下来的越来越少。目前，这些认知错误基本都离我而去。

伯恩斯认知疗法训练很有效，最好与亲人一起完成，尤其中度抑郁以上的患者，需要亲人坚持不懈督促完成训练，要慢慢来。

总体来说，从抑郁中恢复，甚至是好转可能都是按月计算，需要你和亲人选定一条路，慢慢往前走，边走边调整。

在心理辅导领域，我还推荐感恩训练。强烈推荐沙哈尔博士在哈佛的《幸福课》。这个训练很容易做，我一直在坚持，它对改善心境、提升幸福感很有帮助。

具体做法就是抽出 10 分钟，写下当天或者前一天让你感恩的 5 件事，哪怕是很小的一件事。

也许你处于抑郁之中，一天甚至都不出门，哪里有事好感恩呢？

其实还是有的，比如感谢妈妈提醒你起床刷牙，感谢老婆／老公给你做好早饭，感谢你今天终于动手做了一道小菜，出门时感谢一辆汽车给你让路，感谢孩子给你递过来水果刀，感谢领导过来看你，等等。如果你能进行这个训练，说明你的抑郁程度已经改善了。

另外，还有很多其他方法能改善你的认知，让你能平静下来。在网上我发现有不少郁友在学习佛教、基督教，寻找内心的那份难得的宁静。

坚持运动等于服药

运动完全不同于我之前说的行动。行动侧重在心理层面，运动则体现在生理层面。

沙哈尔博士的《幸福课》中提到，运动对抑郁的治疗效果，可以和药物治疗相媲美。而且坚持运动的复发概率很低，坚持运动就相当于坚持“服药”。

对中度抑郁以上的病友来说，下床都可能是一件很难完成的事，谈何运动？那就先下床吧！慢慢在家走几圈，甩甩手；稳定一下情绪，再坚持走几圈；慢慢训练自己下楼，外出走走，外出快走，外出跑几步……不求每天有进步，只求在往前走。

对能进行室外运动的郁友来说，跑步无疑是最好的运动形式。但跑步非常枯燥，尤其是一个人。或许你可以通过听听音乐、调整节奏等方式来改善跑步质量。

我曾经有一段时间，坚持在家附近的小花园跑步，很消极的那种跑步，枯燥之味，完全是硬着头皮完成的。我渴望能找到一位我家附近的郁友，跟我一块儿跑步。找了一个多星期，没有找到合适的。但在找的过程中，我发现有我这个想法的人不在少数。如果可能，希望亲人能陪患者一起运动。

驯化魔鬼走向幸福

认知训练、药物和运动确实能帮你战胜抑郁，控制魔鬼朋友，但最多也就是从负面心理，恢复到正常。要想从零变成正值，就要把抑郁症这个魔鬼朋友驯化成你的坐骑，让你的人生从此觉醒，开启幸福之旅。

现在，我尽管还在吃药，但已经恢复到正常的工作生活中。每天还是会坚持骑车运动，坚持感恩练习，坚持做点儿力所能及的善事，坚持学习积极心理学。

感谢抑郁这个魔鬼朋友，它让我痛，更让我的人生观发生了很大的转变。体验了更多的平实的幸福，有更强大的意愿去帮助别人。对工作也更有热情和主动性，每天都觉得有干不完的事。慢慢地学会享受当下，不再盲从所谓的目标。

行文至此，想了想，我为自己写下这样一句话：良心做事，良心做人！感恩生活，感恩人生！

作者◎青松

我带母亲治病13年的经历和教训

这是一个儿子对母亲患病和治疗过程的记录。通过这段经历，他想告诉大家：对于精神疾病，及时和正确的治疗非常关键。

2015 年 5 月，我的母亲被诊断为双相情感障碍，从此开始有针对性的治疗。至今效果良好，病情保持平稳，没有表现出大的情绪波动。由此大致可以判断，这段时间的治疗是正确的。

回忆起来，母亲发病早在 30 年前。这么漫长的时间里，母亲一直没有得到好的治疗。其原因大概有两个方面：一是我对抑郁症、双相等知识缺乏了解，只是近年来才关注这方面的知识；二是有“病耻感”，缺乏勇气去接受母亲患有精神疾病的现实，不愿去看精神科。

母亲患病30年

在记忆里，自我1984年上初中开始，平常照顾家庭饮食起居、料理地里农活儿都很正常的母亲，几乎每年都会间断性地“奇怪”发病。或是打不起精神，或是情绪高涨、乱发脾气（后来我才清楚这是抑郁与躁狂）。每次发病，母亲都要到村卫生所开药、服药，一段时间后就慢慢好转。至于服用什么药，年少的我并不太清楚。

1998年至2002年，我儿子初生期间，母亲大概有了精神寄托，情绪一直很好。原先瘦弱的她胖了起来，整个人显得很有精气神。

2003年儿子上幼儿园之后，母亲闲了下来，又开始出现状况：打不起精神，情绪低落，不愿待在家里；埋怨自己不中用了；指责我父亲对她不好，冤屈得失控掉眼泪；听不进别人的劝说，有时好像劝进去一点儿，突然又钻回自己的牛角尖；每次都给自己找理由，看不到、不承认自己有错。

她还总是担心自己身体有病，可到医院检查，一切正常。有时突然情绪爆发，莫名其妙地发火，自说自话，好像变了个人似的，气冲冲地骂人。但别人不知道她骂谁，猜测是有人招惹她了。这时候，她显得很烦躁，精力旺盛，走来走去，动这动那，闲不住，劝她也听不进去。

有时候她也怨自己：好端端的日子，为什么总是发愁？可是，就是改变不了。

2006年之前，母亲情绪极其低落或经常发火时，我带她去县人民医院神经科看过几次。医生简单地给开些安定之类的药，服药十天半个月之后就渐渐好转。

因为母亲的这种状况并不严重，无论情绪低落还是乱发脾气，生活都能自理，我们一家人也就没往精神疾病方面想。大家都只是为“除不了根”、反复发作而苦恼。

从误诊到确诊

2006年，母亲再次情绪低落，整天唉声叹气，说活着没意思。一位朋友得知母亲这种情况，建议我不要再去县人民医院神经科，要带母亲去县精神卫生中心治疗。

可是，我觉得那是治疗精神疾病的地方，缺乏勇气面对。再三犹豫后，托熟人关系，才找到精神卫生中心一位医生替母亲治疗，诊断结果是抑郁症，母亲断断续续服用过艾司唑仑、舒必利、阿米替林等药物。一旦症状减轻后就停药；一旦严重就再去看医生、再服药。

就这样时断时续地治疗，也没彻底治好。每年母亲都会发作一两次，情绪低沉的时候多，情绪高涨的时候少。但即便情绪极其低落或经常发火时，母亲仍能够正常完成做饭、洗衣等家务。

到了2011年，医生说我母亲不严重的时候可以不服药，让家人平常多关心、开导她，让她少受刺激。这期间，我开始关注抑郁症，上网查资料，还买来了《精神病学》等书籍阅读，渐渐觉得母亲可能是双相。我跟医生交流，他竟然对双相不了解，依然认定我母亲是抑郁症。

几番犹豫之后，2015 年 5 月，我又找了精神卫生中心的一位医生给母亲治疗。这位医生初次诊断就确定我母亲是双相，开了碳酸锂（早、晚各一粒）、丙戊酸钠（早、晚各一粒）、奥氮平（晚半粒）服用。

我基本每隔半个月去向这位医生汇报母亲的情况，并开药。如果母亲情况稍有变化，我就带她去找医生面诊，医生根据情况对上述三种药的用量略作调整。

从那时到现在，近一年的时间，母亲的情绪恢复了正常，一直比较稳定，不再动不动叹气、发愁。脸上有了笑容，没有再情绪失控、乱发脾气。

及时治疗至关重要

因为母亲的发病、治病经历，我对精神疾病产生了兴趣，也体验到了什么叫“久病成医”。

结合我母亲的经历，谈一下我对精神疾病的一些理解。

首先，对于精神疾病，患者及家属乃至整个社会都应消除“病耻感”，正视现实，正确面对，尽早寻求治疗。这才是面对疾病的正确态度，也是为病人解除痛苦的正确选择。

当前医生对我母亲属于双相的诊断应该是正确的。值得庆幸的是，母亲的双相应该不严重。即便发病期间，无论抑郁还是躁狂，母亲都能基本料理家务，没有发生过激情况。因此，前20多年，没有得到正确治疗，甚至不治疗，也可以经过一段时间而自愈。这说明精神疾病有着自愈的可能。打个不恰当的比方，轻度抑郁就像轻度感冒，不吃药，挺过一段时间也可能就好了。

其次，精神类疾病确实可能跟遗传有关。回过头看，母亲可能带有家族遗传。

我母亲生于1949年，兄弟姐妹5人。我大舅年轻时很聪明，做玻璃工艺生意，60多岁后因债务纠纷等事件刺激，精神一直不好，厉害的时候几乎赤身裸体上街疯疯癫癫，到治疗精神疾病的医院住过好几次院。

二姨平常也愁眉苦脸，常年服用安定、艾司唑仑等药物。2014年5月，72岁的二姨跳湖自杀了。这之前，她思想出现偏执，老是认为我表哥、表嫂不关心她、对不住她，说自己活够了。我多次去劝她，她听不进去，和我母亲发病时一样，只认自己的道理。

据二舅讲，我大舅、我二姨、我母亲遗传我姥姥，说我姥姥曾经是会给人看疑难杂症的“神婆”，神神道道的。

我们一些表兄妹身上也或多或少有所表现。大舅家一位性格内向的表哥因为家庭纠纷喝过农药；二姨家的表姐多愁善感，动不动就掉眼泪；我也多愁善感，有焦虑倾向，总担心生活中发生意外，心里总不踏实，有时甚至觉得活得没有劲头，高兴不起来。

在对精神疾病的学习过程中，我越来越觉得精神疾病具有生理原因。对于遗传性的精神疾病，比较公认的观点是遗传基因发挥了作用，医学统计分析也证明了这一点；对于家族并无遗传史而突然发病的精神疾病患者来说，可能是因为他们带有这方面的易感基因，属于易感人群。

跟躯体疾病类似，精神疾病首先与生理因素相关。因为这部分人的生理基础对不良刺激的耐受性差，所以易发病。而那些生理基础较强的人，即便遭受更不良的刺激，也不会出现精神疾病。这可以套用医科出身、做过多年医生、写过《北京三部曲》等作品的冯唐的话："在基因上，众生从来没有平等过，有些人就是比另外一些人更容易得某种癌症。"同样的道理，有些人就是比另外一些人更容易得某种精神疾病，这是强大的基因决定的。

一项由中、英、美三国科学家共同完成的、发表于 2015 年 7 月 16 日的《自然》杂志的研究结果揭示，抑郁症与基因变异相关。研究者们通过分析几千名重度抑郁病例的基因序列，发现了两个与重度抑郁相关的基因位点。其他精神疾病是否与基因有关，有待科学研究去证实。这也将进一步推动精神疾病的治疗。

所以，精神疾病具有生理原因，应该用"唯物主义"的观点来分析精神疾病，而不应陷入"唯心主义"，认为是这些患者心眼儿小、想不开。

客观地说，精神疾病患者确实就是“脑子有病”，大脑中多巴胺、去甲肾上腺素等神经递质出现了问题。这种生理问题，轻微的可以自愈或者经过心理疏导而恢复正常，但严重到一定程度就必须服药，而不能单单依靠心理疏导。

当然，尽管特定的基因、生理基础能让某些人易于感染精神疾病，但对于这些易感人群来说，依然可以通过强化预防意识、尽量减少遭遇不良刺激以及提高自身对不良刺激的耐受性等途径，降低罹患精神疾病的概率。

作者◎宫殿楼台

一份来自美国的康复经验

Sharso，一位美国抑郁症患者，身在异国，与抑郁抗争10年。很庆幸，她靠着内心强大的力量和积极的心态走了过来，并愿意将她的经验与病友分享。

走出重度抑郁症整整10年了。

最近听到一句话："分享是对他人最有效的事奉"，使我萌生讲述自己故事的念头。希望我的经验，能带给别人些许帮助，就不枉费所受之苦。

发 病

1990年，我们全家赴美。8年后，我在一家大公司找到工作。

因我在中国学的专业是美术设计，总觉得自己背景不如人，所以除了上班以外，还去进修了一些与电脑相关的课程；同时还有家庭要照顾，每天都超级忙碌。一段时间后，进入更年期，身体状况开始走下坡路。

1998年初，常觉得力不从心，消化不良，腹泻，失眠，但硬撑着。1998年底，终于撑不住了。吃什么都不消化，胀气，腹泻，人极度消瘦，上班也做不了事，思维混乱，注意力不能集中。夏天，坐在有空调的办公室里，觉得寒气逼人。别人穿短袖，我却要把头顶上的风口堵起来，脚边放一个自备的取暖器，身上穿皮夹克，脚上穿毛线袜。

上班是不行了，修的课也停了。但待在家中也不是事儿。先生上班，儿子上学，独自在家倍感凄凉，自杀的念头常常浮上来。朋友提醒我，这是抑郁症，要看心理医生。丈夫陪我去看了心理医生，医生诊断我得了严重的更年期抑郁症。

服了抗抑郁的药，症状非但没有减轻，还产生很多副作用。记忆力、理解能力都很差，有时勉强看完一篇文章，却想不起来文章到底在讲什么。自杀的念头一直纠缠着我，我请丈夫把我能看得见的菜刀、绳子等都收起来，生怕自己在家中没人时会控制不住，伤了自己。

那时的我不到50岁，却因为瘦，满脸皱纹，脸色发青，头发枯黄，眼神呆滞。同事看我到了走投无路这一步，劝我信耶稣。我本是无神论背景，但人的尽头是神的开头，既然已经走到尽头，就抱着试一试的想法，开始去教会。

用 药

教会的朋友建议我去看妇科医生，我去了。妇科医生让我用荷尔蒙替代疗法，服用雌激素和孕激素。几个星期后，我的睡眠好一些了，每天能睡 5 个小时左右。

我症状严重时，哪怕是大太阳天，看外面也是灰蒙蒙的，像有一层雾。服药后，慢慢地雾不见了，我进入一个病情相对稳定的状态，脑子清楚了，能正常思考了。

我又去电脑公司上班。工作不忙，主管对我也很好。项目不紧时，我还可以带一些书去看。这时我便萌发了自学中医的想法。

在病情稳定的几年里，我除了吃西药，也去看中医调理。中医诊断我脾肾阳虚，给我开了温肾补气的中药，说对我的消化道疾病有帮助。我自己也学习，把每个中医开的方子抄下来，研究每一味药的药性、作用配伍，对照比较。

除了读中医学院的教科书，我还找了一家熟悉的中医诊所去做义工。我每天记录饮食、用药、身体状态，加以比较，寻找规律。

到 2005 年，我生病已有 7 年。虽然病情得到控制，但身体还很虚弱，一直靠药物维持，心中不免有急躁情绪，求好心切。心想：既然荷尔蒙有效，为何不加大剂量试一试？于是就增加了西药的剂量。

几天后，我发现自己晚上睡觉大量出汗，肠胃严重不适，重新陷入了严重抑郁症的泥坑。擅自增加药量，把原来身体相对的平衡打破了，各种症状重新出现，人快速地瘦了下去，死的念头又常常浮现。

我又去医院，医生给我增加了两种新的抗抑郁药，我的惊恐有所改善，不想死了。但药的副作用很大，觉得自己犹如行尸走肉，脑子一片空白，反应迟钝，表情木讷。每天晚上脱衣睡觉时，看到自己皮包骨的身体，觉得死亡离我不远了。

有时听到某个熟人生重病，会暗暗羡慕，觉得他可以名正言顺地生病，自己的病却是被人歧视，难以告白。

转　机

有一天，教会的一个姐妹对我说，你为什么不换个医生试一试？2006年初，她陪我去看了另一个心理医生。医生在我原来的药的基础上加了舍曲林。她看我瘦弱不堪，让我从最小的剂量试起。

想不到，在用药的第二天，我就觉得好像神经脱开的地方被接上去了。我发现自己竟然能够笑了。在抑郁症复发的半年中，我有时候想让自己笑一下，却发现脸上的肌肉动不起来，想哭一下却没有眼泪。前一阵看到一本名为《渡过1》的书中提到，想哭没有眼泪是病情严重的一个标志；也有文章提到，越严重的抑郁症，药见效越快。我深有同感。

服用舍曲林几个星期后，我觉得脑子能思考了，人也比较正常。医生告诉我，这是我第二次严重复发，又是50多岁的年纪，要完全康复很难，需要终身服药。

因为要同时服用几种抗抑郁药，我每三个月要去查一次肝肾功能，看是否正常。脑子是正常了，但身体衰弱不堪，大病小病，感染不断，常处于临界状态，很担心说不定哪一天病又复发了。

脑子恢复正常，我又能读书思考了，就常去书店或图书馆找一些有关的书看，希望从上一次的失败中站起来。花了几年时间，我把手边能找到的有关自然医学的书读了一遍，边读边试，把自己当小白鼠。我把心得归纳于下：

◇常吃含镁的食物。镁有镇静作用。镁含量高的食物：海藻、葡萄、香蕉。

◇常吃抗生素会破坏肠道的菌种平衡，引起消化不良。一旦发炎，我就会吃大量维生素C含量高的食物，如猕猴桃、柚子、橙子、西红柿。

◇糖会使血糖升高，体液变酸，我就把它戒了。除了不喝含糖饮料，饼干、蛋糕、大米、白面都不吃了。

◇盐，以前口味重，喜欢吃香肠、腊肉、烧烤、油炸食品，现在都不吃了。烧菜少放盐，并且只用海盐。

◇油，少用。我烧菜用水烫一下，再用冷榨的橄榄油拌一下。每天都吃生菜沙拉，用牛油果做调料。

每个人体质不同，应在一个大原则上找出适合自己的食物。我前几年学的中医知识，也帮助我在食物调理上从热、寒、湿、燥等辨证角度，选择适合自己的食品。

有人问，为什么不用人工合成的维生素？我的答案是：上帝创造了完整的食物，维生素是一个相互配合的整体，这是人造产品怎么都比不上的。现代科学再发达，也不能用化学的方法造出一个橘子或苹果。

除了注意饮食，我还调整生活习惯，养成运动的习惯，每天出一身汗。体质没有变好前，晚上 9 点以后，不看电视，不接电话，安静下来看看书报，听听音乐，10 点半准时上床准备睡觉。

减　药

我是基督徒，每逢心情沮丧，祷告就成了解药。有时也请教友代祷。每天怀着感恩的心生活，常常看到自己有的那半杯水，学习交托、放手。

我在病情严重时曾服用四种抗抑郁药。经过半年的调养，觉得体质有改善，试着拿掉一种药物药量的四分之一，看看身体有没有反应，过一个月再拿四分之一，如果身体有不适再加回去。每天记医疗日记，两年后我减掉了所有抗抑郁的药。

人是一个整体，当我用自然医学把身体的各种机能修复后，不但抑郁症痊愈，其他疾病也都好转了。

身体改善后，我又进入职场。10 年过去了，现在我已到了退休的年龄。以 60 多岁的年龄衡量，我是非常健康的，体态适中，不胖不瘦；精力充沛，每星期爬两次山，打一次乒乓球，还去修一些课，不吃任何中药西药，一年中除了体检很少去看医生。

老朋友们都说，我像换了个人。

感 恩

回顾 10 年历程，苦难磨去了我生命中的杂质，使我成长、成熟。

如果没有病到无法思考的地步，我可能还认为自己很聪明、很能干，凡事靠自己，不肯交托、放手。

如果没有病到生不如死的地步，我就不会有决心改变我的饮食和生活习惯。

当我因生病外表变得又老又难看，不能工作，还被人嫌弃的时候，我终于明白每天能吃、能喝、能睡觉是上帝的恩典，从而成为一个有平安、有喜乐的人。

我没有医学背景，不敢说自己的经验适用于每个人。特别是对于生重病的人，如果吃药能控制症状，千万不要擅自停药、减药量或加药量。当身体的机能没有修复时，这样做绝对是让自己的身体坐云霄飞车，上下翻动，其结果将是加重病情。

愿我的分享能带给大家一点儿战胜身心疾病的信心。

作者◎Sharso

跑步是我的信仰——如何通过跑步治愈抑郁症

本文作者在患病后，千方百计寻求自救之道，效果都不理想，最后尝试跑步，历尽艰难，终于治愈。在这篇文章中，他从切身体验出发，总结了自己的经验，真实、客观、细致、实在，相信对大家有所裨益。

2011 年我跳槽到一家 500 强外企，做客户质量投诉，在接手这份工作之前，我被诊断出中度抑郁症。

工作的压力，导致我的中度抑郁症更加严重，甚至暴发。每天早上上班就感觉是上战场，腿发抖，不敢也不想接电话；上班时常常把自己锁在厕所，能待多长时间就待多长时间。

在厕所里也没干别的事情，就是陷入单向思维，不停地思索，在一个死循环里思索，过度沉思，又没有什么办法能让自己想通，自己走出来。

众里寻他千百度

从2011年到2014年11月，我穷尽各种办法研究心理学著作，在脑神经文章中找寻治愈抑郁症的方法，也做了很多心理治疗的尝试。

我在省人民医院心理科看过5次心理医生，他用贝克的认知心理学为我治疗。几次急性发作的时候，我能让自己平复下来；但是一到工作环境，就又复发了。

然后尝试过各种各样的方法：

2014年去庐山的一个寺庙里短暂禅修了一周，过集体生活，不问世事，感觉好像好了。假期结束，我回到工作岗位，又是老样子。

自己尝试着打坐，冥想，晚上睡觉有一点儿改善。可是第二天早上惊醒过来，想到要上班，状态还是循环往复。

还有每天起来对着镜子微笑，给自己鼓劲儿，可是到了工作岗位，就是不想做事情。这个感觉准时来临，真是相当绝望。

也尝试过元认知的方法，这倒是我试过的心理疗法中最有效的一种，让你知道单向思维的原理，是应对急性发作的放松疗法。不过说实话，这要看自己的毅力和病情发作的程度。运用放松疗法，天人作战，没有人监督你，做到做不到，在于你自己。

我的理解是，这种办法不能赶走病情，倒是努力控制住自己的思维后，可以降低焦虑，改善病情。

自学抑郁症有关书籍的感悟

抑郁症的书籍，我看的主要有三类：第一类是心理自助；第二类是专业的心理学教材；第三类是强调生理原因导致抑郁症。

第一类比较浅显，有《生命的重建》《伯恩斯新情绪疗法》《接纳不完美的自己》《一念之转》《改善情绪的正念疗法》《森田疗法》。

读这些书，是因为当时已经没有任何办法了。因此，遇到每一本书，都当作救命的方法在练习，比如学习了正念疗法，自己买了坐垫每晚打坐，听冥想音乐，甚至到寺庙中禅修。

这些练习和方法在晚上能让自己静下心来，但是到了白天，那种无助感、无能感又跑出来。

第二类比较专业：《认知心理学》《人类动机》《动机心理学》。这一类书，让人了解了人类的基本动机，抑郁症中常常伴随的就是动力的缺失。

这类书我看得很细，它们会提出一些新的观点。比如，情绪和认知相比，情绪是首要和普遍的；情绪提供了动机中的强度因素，并成为激发行为的必要条件；等等。

第三类书，以我自己的经历，更让我相信抑郁症是一种生理疾病。因为无论用哪一种心理疗法，都治不好我的情绪无感。别人觉得可以大笑、悲伤的事情，我理性上也觉得应该大笑或悲伤，可是怎么努力也没有办法感觉到快乐或悲伤。这种情绪上的无能感，就像感冒发烧，不是由自己的想法左右的。

我想起小时候感冒发烧，因为家里穷，打针太贵，就想用意志力让病好起来，却从来没有成功过。那个时候我就有一种朴素的理论，如果一种病没有办法通过心理和努力治好，那真的是很理性的生理基础的疾病。

这个阶段我也了解到了神经递质的原理，是神经递质失调导致抑郁症。我本身是一个科学论者，我觉得这是对抑郁症最科学的解释。

终于找到了跑步的办法

因为家人的反对，我没有选择药物治疗。但是现在我意识到，如果我当初选择药物加跑步的方法，估计治愈的过程会更短。

2014 年 11 月，我到了最无助的时候。此时，我得知了有人通过跑步治愈抑郁症，又通过文章知道了一些原理：跑步产生的内啡肽可以起到镇定作用，有助于大脑奖赏系统的改善。

于是我下定决心通过跑步来增加脑内神经递质，反正跑步不会让自己变得更坏。

我是在 2014 年 11 月最冷的时候开始跑步的。

一开始是 2 公里、3 公里，然后是 5 公里，到了月末可以跑

8 公里，第二个月跑 10 公里。

一个月后，精气神明显和之前不一样，虽然还是会回复到自己不喜欢的抑郁状态，但是感觉好了很多。

跑步对抗抑郁症并不是一帆风顺的。

我一般是晚上在公园夜跑，白天的压力经过跑步后仿佛都过滤掉了，晚上的情绪非常好，睡眠质量改善很多。基本上我跑完以后也会很快睡着，甚至打呼噜，睡得很香。

问题是第二天上班时情绪没有完全扭转过来。后来我改成早上跑步，跑步的里程数也有讲究，一般跑 6 公里左右，这时候脑内内啡肽才开始分泌。

这样效果就出来了。如果你想多享受下，那就跑 8~10 公里，不能再多，因为你第二天或者第三天还要跑。

跑步 2 公里，每公里用时 6 分 4 秒，这个速度下，感觉自己完全是在享受。在公园的跑道上，张开双臂，闭上眼睛，感受那一刻，风吹过来，听着音乐，世间还有这么美妙的时刻吗？人生要时时刻刻处在这种奔跑中，哪怕没有下一刻，也不觉得遗憾。

跑步的感动在于享受和正能量。

关于跑步的技术

接下来说一说跑步中出现的困难是怎么解决的。

1. 如何迈开第一步

迈出第一步非常难，因为自己没有力气，情绪上也没有动力。

这个时候，可以放慢速度，缩短距离。我是从 2 公里跑起的，速度是每公里 7 分 30 秒，提醒自己不要被自己的情绪所骗，对自己要有信心，慢慢地积累。跑步的时候去感受自己的愉悦，听听音乐。

2. 如何坚持

常常听很多人说，某某某真了不起，跑了 2200 多公里，还跑了马拉松。

我想说的是：跑步不需要坚持，往往需要坚持的东西做不下去，我自己就是一个不善坚持的人。

对于抑郁症患者，跑步一定是慢跑，保证自己的心率非常平稳，感受抬脚落脚的轻松，感受跑步的风，感受那种自己能够控制自己的感觉。套用一句宗教里的话，把跑步当作一种信仰，感受它的正能量和愉悦，甚至感受诗和远方。

这样你会上瘾，不跑就会不舒服。跑步真的不需要坚持。

3. 跑步的姿势

有段时间，我每天跑 10 公里，发现膝盖很痛，请教了很多人，才发现原来是自己的跑步姿势不对。

于是我开始学习《姿势跑法》，身体前倾作为前进的动力，大腿和臀部肌肉拉起小腿。学习了这些方法，再也没有受过伤，跑步变得更轻松。慢慢地，我开始去感受自己最舒服的配速，发现每公里 6 分 4 秒是自己最舒服的速度（这是在半年之后摸索出来的）。

4. 跑步过程中病症的反复和教训

抑郁症真的不是那么轻易就远去的。即使在跑完一年后，跑了马拉松，十几个半马，总共 1400 公里，我还是复发过。直到今天，我才能比较自信地说痊愈了。

几个教训是：不要急着去跑马拉松或者半马，因为马拉松会让自己很疲惫，接下来一个星期内都没办法跑步。这一个星期，我等于是束手就擒。

每个人的经验会不一样，我自己每天以 6~10 公里为目标。我觉得跑 6 公里后可以获得内啡肽，行稳致远。

跑步不在于和别人比速度，不在于时间的纪录，不在于输赢的荣耀，而在于当下的愉悦。

我开始跑步后，积极加入了本地最大的跑团，跑步的人基本上都是正能量的人，真是高手如云。有一位跑友能够在跑步中冥想，我尝试着去追寻这种境界，什么都不去想，只想着怎么样让自己身体紧张的部位放松，慢慢发现 10 公里、15 公里也没有以前那么艰难了。

2015 年，在跑了十几个半马后，我开始跑自己人生中第一个马拉松。老前辈们告诉我，按照我每月的跑量，完赛绝对没问题，前半程要压一压速度，平稳跑完全程。朋友的鼓励给了我莫大信心，感谢他们，我成功了。

2015 年加入跑步，感受到的是满满的正能量；2016 年，跑步继续。人生前行，跑步不断。跑步已成为自己的一种信仰，深深植根于心中。

最后用一句话共勉：生命不息，跑步不止。

作者◎智深

人生前行，跑步不断。跑步已成为自己的一种信仰，深深植根于心中。最后用一句话共勉：生命不息，跑步不止。

回　乡

无数经验和事实证明，抑郁和焦虑经常在快节奏的工作压力中产生。

亲情、友情、爱情是我们活着的动力，是心灵成长的阳光、水分、空气，是抑郁牢笼通向自由世界的最后一段通道。作者通过亲身经历告诉病友：在外辛苦打拼难以支撑的时候，回乡不失为一种可以接受的选择。

困　惑

记忆的碎片里，我从小就有注意力不集中的困扰，有点儿强迫，有点儿焦虑，偶尔易怒、腼腆，有时候却很亢奋。好在这些神经质特质都不是持续的，小学、初中都离家不远，在亲情的照耀下，总体上比较健康快乐。

我的高中大概和大家一样辛苦。记得化学课常常不能集中注意力，当时要做大量模拟试题，很难投入。有段时间内心总有种绝望的感觉，曾经试过逼自己哭、鼓励自己等，但都不起作用。就是在这种状态下我考进了大学。

大学时期情绪波动是最大的。记得大一的时候，每个星期一都无原因地焦虑。上课或者其他集体活动中，我会不时地感觉到无力。好朋友评价我："觉得你有时候比较内向，有时候又很有激情。"

我对自己的状态很困惑，曾经徘徊在心理咨询室门口，但没能说服自己走进去。总体来说，大学里，我敏感、感性、情绪波动大，内心是苦闷和迷茫的。

徘　徊

2008 年大学毕业，我去了深圳，在某个郊区的某个工业区，一待就是 4 年多。其间我感觉工作压力很大，间歇性抑郁。刚开始，当这种无力和绝望感造访时，我都是撑过去，要两个星期左右甚至更久才能恢复。

那个时候我还不太知道"抑郁"这个词，甚至连焦虑、神经症等都不知道。工作中尽是不安，情绪调节能力差、易怒，恋爱中常常情绪化，而且身体也非常容易疲惫。我一直撑着，直到后来撑不住，就辞职了。

两个月后，我终于在一家上市企业找到新的工作。第一年待在深圳，办公室有一半是老员工，我感觉无法融入他们。每天心理负担很重，下班后也没办法缓解。于是我去爬山，这样感觉第二天头脑能清醒和放松那么一点点，坚持了很久，但效果没有递增。这时候我从网上查到了焦虑、抑郁等的症状，觉得和自己很像。

第二年公司派我去印尼开拓市场，我觉得比较吃力，对工作充满恐惧和焦虑。根本不想打开电脑，即便打开了，也没办法开始敲击键盘。和客户接触也是我的噩梦，每次见客户回来我都非常疲惫。终于一连两三个星期，我都没去见客户，吃饭都不愿意下楼。

我对自己的状况很不满意，尝试在网上找过两个心理咨询师，但都没有效果。我还常在纸上写下自己的状态，也没什么用。又尝试冥想和读佛经，并从中得到了一丝安慰，它们可以驱走我内心的不安，尽管只是暂时的。

真正给我希望的是《改善情绪的正念疗法》这本书，它提供了可行的方法，曾给我迷茫苦闷的内心投射进一束阳光。3个月后我的情况略有改善，但工作仍然一塌糊涂，公司把我召回总部。

回到深圳，我发现朋友们变化都蛮大的。生活压力大，彼此疏于联系，自己也没有心力去交新朋友，社会支持越来越少。

面　对

这时候我开始接受和面对抑郁。医生和我谈了50分钟，诊断我是轻度抑郁，建议我辞职观察。

我租了个城中村的房子先安置下来，不想交际，只能在屋里待着，但待久了又很容易焦虑。我常常去海边，海港的日落景象能触发内心的能量，赶走我内心的焦虑抑郁，效果能持续好几天。

迫于经济压力，我回到了家乡。亲人给予我无私的爱和安全感，我克服了新环境下的焦虑、恐惧、抑郁，状态渐渐改善了很多，还交往了一个女孩，她甚至愿意和我结婚。我和她相处了两个月，很感谢她，这两个月改变了我；或许她也从这两个月里得到很多，我没有问过，祝她越来越好。

回到家乡这半年多，我和父母的沟通与互动也改善很多，这极大地减轻了我内心的负担，也让我更加自信。最近我在友情上取得一些突破，而且又在朋友的介绍下认识了一个让我心动的女生。每天早上我都看张进老师推送的文章，有一天张进老师问我要不要写自己的经历。30岁生日前夕，我终于开始动笔，希望自己写得不是太差。

一路走来，我需要感谢太多人、事、物。我想，我和《肖申克的救赎》里的安迪一样，被上帝误判进入心理亚健康的牢笼，而抑郁症则是促使我自我拯救、越狱逃生的“汤米先生”。最终，我该受的苦也受了，该赎的罪也赎了，时间也超过了 10 年。我只想去一个“没有记忆的海滩”，开始新的生活。

不可否认，我在逃离抑郁的路上仍常常会和焦虑、抑郁不期而遇，这时候我更愿意接受它——这个甩也甩不开、带给我无数麻烦的老朋友。

作者◎飞马

不可否认，我在逃离抑郁的路上仍常常会和焦虑、抑郁不期而遇，这时候我更愿意接受它——这个甩也甩不开、带给我无数麻烦的老朋友。

精神疾病患者完全能够过上正常生活

本文作者是北京大学第六医院副院长姚贵忠，他告诉读者，罹患精神疾病时，患者会暂时失去很多社会功能，产生无所适从感。但精神疾病不等于精神残疾，精神疾病患者也不一定就是残疾人，只要治疗到位，他们完全可以正常地工作、生活。

一位抑郁和强迫症患者曾对我诉说："我真的太痛苦了，难道我们精神疾病患者真的无法正常工作，一辈子永远是个废人吗？我不愿意做废人，怎样才能正常上班呢？"

这位患者 16 岁患病，治疗多年也不见好转，严重影响了工作和生活。抑郁时无法出门，正常人际交往难以进行；上班时也动辄情绪低落，无法长时间坚持工作。单位照顾她，不上班也给她发工资，反而让她自卑且自责。丈夫跟她离婚了，一个人生活让她倍感孤独，没有愉悦感。与人交往感受不到乐趣，整天精神紧张不能放松，经常想一死了之。

她在痛苦时向我求助，我深感责任重大，由衷感谢她的信任。听完她的讲述，我试着勾画出她的思维脉络：患病—治疗不见好转—难以正常工作—受人照顾—认为自己是个废人—觉得活着没有意义。其实这是一个非常正常、可以理解和令人同情的思维。她的表述很流畅，看不出是个患者。我没有把她看作病人，而是视为和自己一样有理性的正常人。

问题在于，是她自己在悲观绝望时，认为自己是“废人”。这是一个非常普遍的认知误区。

其实，疾病只是患者暂时的生理、心理现象，而“废人”作为一个比喻，是指已经不具备承担正常社会角色的能力。准确地说，精神疾病患者只是一个阶段性的称谓。如果按病程划分，可以分为急性发作期、治疗期和康复期。一般来说，只有处于急性发作期的患者，其日常生活和工作能力受到阻碍，才算是病态。但急性发作毕竟是短暂的，多数患者是可以治愈的。治愈之后，完全可以和健康人一样生活和工作。即使部分久治不愈的患者，也可以在病情相对平稳的阶段，从事力所能及的工作。

所以，精神疾病不等于精神残疾，精神疾病患者也不一定就是残疾人。如果一个人一旦得了精神疾病，就被当作残疾人来照顾，而忽视他的劳动力和创造力，这是对社会生产力的极大浪费，也是对患者本人的不尊重。

当然，精神疾病如果长时间不能治愈，或者病情多次反复，对患者也会有较大的伤害。比如，如果是精神分裂症患者，病程太长会逐渐出现思维贫乏、情感淡漠、意志缺乏等阴性症状。此时患者虽然智力正常，但生活懒散，对家人缺少亲情，对自己的未来毫无打算，整天呆坐不语，丧失了工作和生活的能力。这就叫“精神衰退”。从社会功能的角度看，也称“精神残疾”。这是最让人难过的。

做心理咨询时，我常用这句话向咨询者表达对心理健康的理解：“做自己能做的，忽略自己不能左右的。”所以每当内心痛苦时，患者可以自问两个问题：我是否在为自己不能左右的事情烦恼？我是否已经尽力了？如果第一个问题回答“是”，第二个问题回答“否”，那么这就是痛苦的深渊。

关键在于怎么看待疾病和自己。受人照顾就是废人吗？我们每个人其实都在不同方面、以不同的形式受到他人照顾。患病的人享受照顾是名正言顺的。

我在法国巴黎参观那里的精神卫生服务时了解到，一位不能工作的精神病人与一位每天辛苦工作的低收入体力劳动者相比，前者得到的社会福利比后者的工资收入还高。当地官员解释，病残人士不是不想工作，而是不能工作，他们理所应当受到社会的照顾，而健康人是不能不劳而获的。这个例子说明，疾病和服药注定影响患者的工作能力，因而得到他人的照顾不可悲也不丢人。

另一方面，在享受他人照顾的同时，自己是否做了能做的？

如果是，那么最需要做的就是心理平衡。要么在现在的单位干，忽略工资和发展；要么就勇敢地换新单位，努力要求自己适应新环境。不论选择哪个，都去看积极的一面，自然心理平衡，不再觉得自己是个废人。

如果自己作决定有困难，找人求助是个好方法。但最终，你不是为了别人而活着，而是为了自己——因为你不是个废人。

作者◎姚贵忠，北京大学第六医院副院长。

摆脱所有“害怕”，学着让自己强大

恐惧、担忧、害怕是精神疾病患者最常见的心态，这对于他们的治疗和康复是极其不利的。精神疾病应该如何对待？是勇敢应对，还是恐惧逃避？不同的选择，最后的治疗结果大不相同。

我接触过很多患者，他们总是一提精神疾病就色变，因而选择了放弃和退缩，殊为可惜！我曾经患过精神分裂症，故此，我从个人体验出发，总结一下治疗和康复过程中的几种“害怕”以及如何应对，希望能够对患者有所帮助。

害怕发病

对自己的身体、情绪变化过于敏感。偶尔休息不好，就认为自己要犯病了，匆忙加药；偶尔情绪激动，就认为自己要发作了，徒增紧张。

有位病友曾对我说，“我这两天情绪总是很低落，是不是因为吃精神分裂症药后出现抑郁了？要不要让医生给我再加点儿抗抑郁的药？”我建议他再观察一两周，因为短期情绪波动人人都会有，只有持续的、长期的情绪低落，才需要医生或者心理咨询师的干预。

对于疾病，你越怕，它越会找上门。要认识到自己虽然是个病人，但更是个正常人。很多情况正常人也会有，并不一定就是病态。要学会针对不同类型的症状，具体分析，区别对待。

害怕复发

有的患者，即便医生告诉他可以减药了，还是不敢减。对药物过于心理依赖，生怕自己再复发。

其实，复发并非无迹可寻。

有一位家属打电话向我咨询，她有一个女儿，患精神分裂症，已经临床治愈，在保险行业做电话销售，每天工作忙忙碌碌、早出晚归，都没问题。

女儿的主治医师多次建议她可以适当减药，但是女儿始终不肯。因为她以前有复发的先例，非常害怕再复发。她忘不掉自己以前复发的场景，对她来说，能维持现状就是上天的恩惠，不再奢望任何好转。

故此，处于康复初期、自我认知能力差的朋友，要听取医生的建议；处于康复中后期，自我认知能力强的朋友，可以相信自己的判断，必要时可以自我调整药物。

害怕现实

有的患者，明明已经恢复，或者恢复了大半，但对重新融入社会缺乏信心，逃避现实。他完全可以工作，但是不敢走出来，担心工作不能胜任，害怕别人的眼光。

我所在的新天地会所有一个会员，来会所 5 年多了，表现还算不错，但始终没能走出去参加工作。她总是怀疑自己能力不够，担心人际关系处理不好，还担心万一复发了，谁来照顾她？出于种种顾虑，她始终没有迈出回归社会的第一步。

我建议：在尽量保护自信心和自尊心的前提下，要敢于尝试。信心不是想想就有的，而是通过一个个小小的胜利和成就积攒起来的。

害怕提高

有一位康复者，实际能力很强，每天工作早出晚归，连电话销售这种很容易打击人自信的工作都能做，就是不敢换一份更舒适、待遇更好的工作。

她内心总是想：我这样的情况，有份工作就不错了，不能要求太高。这本质上是自卑，对自己缺乏信心，宁愿低水平生存。

人在顺境的时候，容易夸大自己的能力和价值；处于逆境时，就容易低估自己的能力和价值。可以适当给自己一些挑战，看到自己更多的能力和价值。

害怕进取

我遇到很多患者，遇事就自我否定。一让他们学点儿东西，他们的第一反应就是，“得这病以后，我脑子不行了，学不会的”。

显然，病成了他们可以不进步、不学习的理由了。其实，精神疾病对智力的影响并不是很大；即使有，也是可以逐渐恢复的。

个人建议：遇事要有积极乐观的态度，并不断增强自我认知能力；也要了解自己的长处和短处，以及兴趣与爱好。在尽自己的最大努力尝试和坚持之后，再下结论自己能否完成一项任务或者胜任一份工作。

总之，对于康复期患者的各种“害怕”，我认为不是靠药物就能够解决的。因为他们缺乏的是信念和动力。让他们找到生活的意义、生命的意义，找到并从事他们感兴趣的工作，才能驱走笼罩在他们周围的各种“害怕”，获得更好的康复效果。

作者◎李印臣

知
行

题记

如果我身处黑暗，你是唯一能救赎我的光

有限的科学研究表明，精神类疾病不仅是心理病变，往往也伴随着一定程度的生理病变。

走出精神困境，要相信科学，积极求治。不仅需要内心的动力、坚定的信念，更需要知识和行动。

与命运和解，与真实相遇。接纳自己，知行合一，这就是隧道尽头的一线光明。

如何帮助抑郁症患者？这里有全病程指南

抑郁症患者从治疗进程看，可以分成急性发作期、治疗期、巩固期、康复期；从疾病的程度看，可以分成轻度、中度和重度。疾病状态不同，治疗方法不同，患者所需要的帮助也是有区别的，需要分门别类对其加以指导。

最近，经常有朋友问我："身边有抑郁症患者，该如何劝慰他？"我回答："不好一概而论，患者处于不同的疾病状态，需要得到的劝慰和指导是不一样的。"

这里，我就展开分析一下，如何根据患者的病况，为他提供具体的、有针对性的指导和帮助。

急性发作期：科学求治

一位抑郁症患者，从治疗进程看，可以分成急性发作期、治疗期、巩固期、康复期；从疾病的程度看，可以分成轻度、中度和重度。疾病状态不同，患者需要的指导当然是有区别的。

先说急性发作期。

大多数患者，在患病前是不太了解抑郁症的，不知道自己得的是什么病，更不知道应该怎么办。因此，发病初期，患者最普遍的心态是茫然、惊慌、无助。在这一时期，我认为需要做四件事：

首先，及时向患者普及抑郁症基础知识，解释抑郁症的生物学因素和心理因素，如神经递质、神经回路学说等，让患者知道抑郁症是怎么一回事儿，打消他的恐惧和忐忑心理，把心态安定下来。

其次，要告诉患者，抑郁症是一种真实的疾病，是需要治疗、也可以治疗的。很多患者，出于对抑郁症的无知，想当然地认为抑郁症是“心病”，责怪自己“意志薄弱”“缺乏责任感”。这不能说一点道理都没有，但对处于抑郁症急性发作期的患者来说，有害无益。正确的办法是：劝导患者，尽快进行药物治疗，迅速控制症状。不然会贻误时机，给后续治疗增加难度。

我出版《渡过 1》后，有读者和我交流阅读感受。他说：“读了你的书，我明白了一个道理：抑郁症是可以治疗的。”

听他这么说，我起先很不甘心，心想我写了这么多，就这一句有用？但后来，接触到更多的患者，了解到患者治疗中有那么多曲折，我认识到，假如患者读了我这本书，真的能树立“抑郁症可以治疗”的信念，那就非常实用，我就该知足了。

再次，要帮助患者消除病耻感。很多患者，虽然明白抑郁症是怎么回事儿，也知道应该寻求正规治疗，但对精神类疾病有一种根深蒂固的病耻感，没有勇气告诉别人自己生病了，更谈不上求医问药。

当然，消除病耻感是全社会的事情，我们只能力所能及劝导患者，“你只是病了，不是错了”，鼓励他能够勇敢面对，积极求治。

最后，在告诉患者“抑郁症可以治疗”的同时，还要给他们打预防针，让他知道抑郁症是一种复杂的疾病，治疗起来有一定困难，容易复发，要打一场持久战。

我不赞成“抑郁症是心灵感冒”这样的说法，因为抑郁症既不像感冒那样常见，也不像感冒那样易好。对抑郁症轻描淡写，容易让患者轻敌。一旦治疗无效，患者会更加沮丧和绝望，影响后续的治疗。

治疗期：信任医生，坚持治疗

患者进入治疗期后，心态会稳定下来，最初的茫然、无助有所缓和。这个阶段，患者最大的顾虑来自四个方面，需要一一排解。

首先是药物的副作用。

药物副作用是每位患者在服药之初都会遇到的现象。毋庸讳言，副作用确实存在，有的表现为口干、视力模糊、排尿困难、便秘、轻度震颤及心动过速等，有的可能引起直立性低血压、心动过速、嗜睡、无力等症状。患者本来就对药物治疗半信半疑，现在发现吃药非但不见效，还出现了副作用，就会非常懊恼、后悔和沮丧。

这时候，要跟患者讲清楚什么是副作用，副作用是怎么回事儿。要告诉患者，副作用确实存在，但也没那么可怕。因为副作用出现的概率非常低，并不总是出现；副作用的大小和药物有关，也和患者自身内环境有关。无论如何，副作用和精神疾病对人的摧残相比，微不足道。因此，在疾病和副作用之间，应是“两害相权取其轻”。

其次，在消除对副作用的担心之后，接下来要处理好患者对医生的怀疑情绪。

在治疗中，患者对医生，尤其是名气比较大的医生，往往有这样的疑虑：整个就诊时间就这几分钟，他凭什么判断我有病？凭什么给我开药？有什么依据？这些药能见效吗？

针对此，我可以告诉患者，中国精神科医生资源严重缺乏，医生不能给患者分配更多的时间，是无奈的现实；精神科医生看病和心理医生不一样，主要是针对症状，不可能详细询问病史。既然现实无法改变，你能做的就是在短短几分钟就诊时间内，抓住重点，把症状讲清楚。有经验的医生只要准确掌握你的症状，再“察言观色”，还是能在几分钟内判断病情，正确下药的。作为患者，最好的办法是信任医生，遵从医嘱，争取最佳治疗效果。

再次，要处理好患者对治疗是否有效的怀疑，让他坚定信心，不要让治疗半途而废。

抗抑郁药有一个特点，一般都要服用三四周甚至更长的时间才能见效。而患者大多性急，看到不能见效，就会失望、沮丧，甚至匆匆停药，以至于前功尽弃。

这个时候，要给患者讲解抗抑郁药的生效机制，让他明白，药物不见效，未必是药不行，而可能是药力不够。一定要坚持治疗，足量足疗程，坚持到药物起效的那一天。

最后如何判断药物起效，也非常重要。如果药物确实起效，患者会备受鼓舞，改善情绪，增强信心；如果药物确实无效，且已经足量足疗程，那就应该果断换药，不再耽误时间和金钱，赶紧去试验更对症的药物。

关于这个问题，我曾写过一篇文章《如何判断药物治疗是否见效》，作了比较具体的分析。读者诸君如果感兴趣，不妨移步一看。

巩固期和康复期：坚持服药

治疗期之后，如果比较顺利，患者便会进入巩固期和康复期。这是更为漫长的阶段。

处于康复期的患者，最大的问题是不能坚持服药。

很多不懂抑郁症知识的患者，在治疗未见效之前，悲观绝望；一旦治疗见效，临床症状消失，便以为大功告成，马上就想停药，不知道之后的康复治疗还要持续更长的时间，甚至终身。

这时，需要跟患者讲清楚抗抑郁药的原理是什么，为什么不能匆忙停药。

一般来说，抗抑郁药物不但见效慢，见效后还要进行维持治疗，目的是维持大脑中神经递质的浓度。世界卫生组织推荐的最短疗程是半年。我个人认为，为了保险起见，轻度抑郁最好维持治疗6个月以上；中度抑郁维持9个月以上；重度抑郁维持15个月以上。

我多次对病友打过一个比方：一个人，本来能直立行走，现在身体虚弱，站不直，要往后倒；这时，需要有一只手撑住他的后背，让他能够站直并继续往前走；这只手不能轻易撤，要等他恢复了自然直立和行走的功能后，再慢慢地、一点点地撤除。一旦发现他有些摇晃，就要立刻再次撑住，不然前功尽弃。

因此，对于抑郁症患者来说，巩固期的药物，就是他的“不能撤除之手”。

很多患者，就是因为迫不及待地停药，导致复发。尤其是一些女病友，明知停药的后果，为了生孩子，铤而走险，铸成大错，悔之何及！

抑郁情绪和轻度抑郁：选择干预方式

上述是从治疗进程的角度进行分析。另一个角度，从病情发展程度，还可以把患者分为抑郁情绪、轻度抑郁、中度抑郁和重度抑郁。

如果患者处于抑郁情绪和轻度抑郁阶段，需要告诉他什么。

这个阶段，最关键的是帮助患者选择干预方式。要教会患者，对自己的病情程度有一个大概的判断。

我个人常用的方法是：既关注情绪起伏，更关注动力和能力的变化。

我认为，如果患者仅仅是情绪问题，那么可能还在心理范畴；如果不仅情绪长时间低落，连同动力和能力都出了问题，就可能进入“症”的范畴，成为抑郁症。

很多人都想当然地认为，抑郁症就是心情不好，不快乐。其实不是。抑郁症对人最大的伤害，不是情绪不好，而是动力的缺失，能力的下降，这会让你觉得自己失去了存在的价值。

因此，当和患者交谈，发现他的工作能力、办事效率甚至生活能力都有一定程度的下降，就可大致判断他不只是抑郁情绪，而是抑郁症，甚至进入中度的阶段。这个时候，就不能仅仅依靠简单的心理调整，而需要及时进行药物干预。

中度和重度抑郁：陪伴和觉察

进入中度阶段以后，该提醒患者注意什么？

我觉得，这个阶段，最重要的是防止自杀。

和很多人想象的不一样，抑郁症患者并不是病情越重越容易自杀。抑郁症患者自杀，往往发生在从轻度向中度恶化，以及从重度向中度好转的阶段。

原因是，抑郁症药物治疗的特点是，先改善患者的动力，后改善患者的情绪。自杀要具备两个条件，即自杀的意愿和执行的动力。重度患者往往大脑一片空白、体力不支，不具备自杀能力；而药物一旦起效，患者大脑的抑制先得以解除（有了动力），可是情绪的好转要落后一周（自杀意念还在），自杀往往在这一阶段发生。

因此，干预自杀，就要学会识别患者从轻度向中度恶化，以及从重度向中度好转的关口，尤其是后者。在这两个时间段，家属一定要把患者看好；患者本人，最好也要有自省和自觉意识，在这个危险阶段保护好自己，不让自己有自杀的条件。

至于重度阶段怎么办？说实话，当患者进入重度阶段，他的身体和精神处于高度抑制阶段，对他指导无济于事。这个时候，亲友能做的，就是好好陪伴。

当然这也有方法，要做到的是：陪伴，而不是说教。此时再给患者讲道理毫无用处，因此不要烦扰患者，只需让他知道，他需要时，有人在；不需要时，就让他安静待着。

以上从各个角度，谈了对抑郁症患者应该给予什么样的劝导。归结起来，无非是两个字：信心。

一切目的都是让患者增加信心。抑郁症的治疗和康复不是一天两天，而会持续一年、五年、十年乃至终身。因此，对于患者的治疗来说，信心至关重要，甚至是制胜的法宝。

当然，有了信心，并不代表一定会治愈，但至少会让你承受痛苦的过程变得稍微轻松一点儿。而一旦失去了信心，结局很可能是悲剧性的。

作者◎张进，本书编者，“渡过”公众号创始人。

对抑郁症用药利弊的完整表述

对于许多抑郁症患者来说，药物治疗是一个不得已的选择。相对于运动治疗和心理治疗，药物治疗相对可控、可把握、可实行。既然这样，那么我们需要考虑的是如何趋利避害。

春节期间，一天之内，我接待了三个前来咨询的患者。他们的问题基本上都是：吃药好不好？到底管不管用？能不能不吃药？有没有副作用？会不会上瘾？

这些问题，我在《渡过1》一书以及以前零散所写的文章中，都有过很明确的回答。考虑到这个问题如此具有普遍性，在此作一个完整的陈述吧。

一、对于部分患者来说，吃药不是“好不好”的问题，而是“不得不”的问题

为什么患者普遍对吃药如此疑虑？我设身处地地想一想，大概是因为吃药有以下“坏处”：

1. 吃药不一定总能见效

确实有部分患者，尤其是内源性抑郁症患者，无论怎么换药，都不怎么管用。其中的原因，往往深埋于基因之中，令人无可奈何。

2. 吃药有副作用

精神科药物作用于大脑和中枢神经，副作用比其他药物要大一些，这是事实。很多患者都不能接受副作用，不愿意吃药。

3. 吃药见效较慢

过去，抑郁症用药起效需要 6~8 周的时间；近年来，随着药物的改进，时间有所缩短，但也要 20 天左右。很多患者没有耐心等到药物起效，就半途而废。

4. 吃药不去“根”

吃药只是解除症状，但不能根治。相当一部分患者即便通过药物治疗改善了情绪，心理冲突依然存在，存在复发隐患。

5. 吃药周期太长

这确实是精神科用药的一大特点，即见效后不能立刻停药，往往需要维持治疗一年以上的时间，甚至更长。很多患者一旦见效，就迫不及待地停药，造成复发。正因如此，很多患者才认为吃药会“上瘾”。

6. 吃药有“病耻感”

很多患者在吃药前，会细细研究药物说明书，觉得自己吃了药，就成了精神疾病患者，无形中产生抗拒心理。

鉴于以上六个原因，很多患者不愿意吃药，是可以理解的。

但是，能不能因此就拒绝药物治疗呢？我认为不能。

一般来说，治疗抑郁症，主要有三种方法：药物治疗、心理治疗、运动治疗。

其中，运动治疗更多用于轻度抑郁症的缓解和临床治愈后的康复；心理治疗是长效治疗，也适用于轻度抑郁症和长期的心理结构、人格结构的重整。这两种治疗方式，不需要吃药，而且疗效长远。

但问题是，患者抑郁症急性发作时怎么办？中度以上的抑郁症患者怎么办？当患者躯体状况恶化，无力运动怎么办？患者找不到对路的心理医生怎么办？

在上述情况下，除了药物治疗，别无他法。

没有人愿意吃药，但是，对于许多抑郁症患者来说，药物治疗是一个不得已的选择。

而且，相对于运动治疗和心理治疗，药物治疗相对可控、可把握、可实现。它不像前两者，对患者有过高的素质要求。只要你坚持服药，把自己交给科学就行。从现实中看，世界上大多数抑郁症患者，都是靠药物治疗临床治愈的。

二、既然吃药是一种不得已的选择，那么，我们需要考虑的是如何趋利避害

1. 关于“根治”

其实，在很多时候，治标和治本，差别不是那么大。医学上本来就有“对症治疗”和“对因治疗”之说，并无高下之分。对于很多疾病，缓解症状足矣。比如感冒，它是一种自限性疾病，不加治疗，一个星期左右也可自愈。治疗感冒，只要能缓解头痛、鼻塞、咽痛症状就行，何须治本?

再者，药物治疗不排斥心理治疗和运动治疗。可以先用药物治疗解除患者的临床症状，为后两者赢得时间和空间，就可以“标本兼治”。

2. 关于副作用

副作用确实存在，但也没那么可怕。因为副作用的概率非常低，并不总是出现。副作用的大小，和患者本身关系很大，也与服药时的内环境有关。无论如何，副作用和精神疾病对人的摧残相比，微不足道。因此，在疾病和副作用之间，应是“两害相权取其轻”。

3. 关于复发

精神类疾病治愈后确实容易复发，但并非无规律可循。经验证明，只要在规定时间段内，严格遵守医嘱，坚持服药，锻炼身体，辅之以心理调适，则复发的可能性并不大。

4. 关于上瘾

其实，“上瘾”之说，是一个误解。药物研究证明，抗抑郁

药没有成瘾性。之所以要长时间服用，是因为保持大脑中神经递质的浓度，暂时离不开抗抑郁药物。

我多次对病友打过一个比方：就像一个人，本来能直立行走，患了病，站不直了，要往后倒。这时，需要有一只手（药物），撑住他的后背，让他能够站直并继续往前走；这只手不能轻易撤，要等他恢复了自然直立和行走的功能后，再慢慢地、一点点地撤除。一旦发现他有些摇晃，就要立刻再次撑住，不然前功尽弃。

三、概括而言，当下抑郁症药物治疗确实不够理想，但暂时没有别的疗法可以全面替代。它是无奈的选择，也是最不坏的选择

如上所述，我很支持心理治疗和运动治疗。这体现了人类的自主意识和较高的素质，也往往能收到长期的疗效。

但是，鉴于两者需要太多的适应性条件，不那么容易把握，所以，尝试药物治疗，必然是大多数患者的现实选择。

接下来，患者需要做的，就是相信科学，保持信心，坚持到药物起效的那一刻。并继续维持治疗，直到疗效充分巩固。

作者◎张进，本书编者，“渡过”公众号创始人。

尝试药物治疗，必然是大多数患者的现实选择。接下来，患者需要做的，就是相信科学，保持信心，坚持到药物起效的那一刻。并继续维持治疗，直到疗效充分巩固。

如何判断抑郁症药物治疗是否见效

判断抑郁症药物是否见效是一个非常普遍也非常重要的问题，其意义有二：其一，如果药物确实见效，患者会备受鼓舞，改善情绪，增强信心，从此步入恢复的康庄大道；其二，如果药物确实无效，且已经足量足疗程，那就应该果断换药。

最近，几位曾就抑郁问题向我咨询的患者，犹犹豫豫进入药物治疗阶段后，每过几天就会问同样的问题："什么时候服药能见效？我现在见效了吗？"

判断抑郁症药物是否见效是一个非常普遍也非常重要的问题，其意义有二：其一，如果药物确实见效，患者会备受鼓舞，改善情绪，增强信心，从此步入恢复的康庄大道；其二，如果药物确实无效，且已经足量足疗程，那就应该果断换药，不再耽误时间和金钱，赶紧去试验更对症的药物。

问题是：如何判断服药是否见效？我根据个人体验和对患者的观察，提出三个依据，供朋友们对照、检验。

一、是否能暂时忘记病痛，把注意力转移到别的方面

中度以上的抑郁症患者，大概都有过这样的体验：一天24小时，无时无刻不在痛苦中。脑海里整天盘旋的都是自己的病，无法投入地去做其他任何事情。

因此，假如某一天，患者突然发现能够忘记自己的病（哪怕只是短短几分钟），专注于某一件事——这就意味着转机可能出现。

我自己就是如此。我清楚地记得，服药见效前，我被疾病折磨了半年之久，每天惶恐惊惧，坐立不安。就在近乎绝望的时候，一天，一位朋友带着他女儿来看我，他们走后我发现小姑娘的玩具魔方忘了带走。百无聊赖中，我坐在沙发上，拨弄着魔方，居然把魔方的一面拼了出来。

当时我不以为意。许多时日后，一点点梳理往事，我认定这一刻意义重大：抑郁症是弥漫性、破坏性的，浸润摧残着所有的时间和空间；而当你能够聚精会神做一件事时，就意味着抑郁症的领地在退缩，新的力量在生长。

二、是否能恢复一些食欲

吃是人类最基本的生理需要。抑郁症患者的一大病征，就是

对吃完全丧失兴趣。记得我在病中，食不甘味，只是出于增强体力、对抗药物副作用的信念，才逼迫自己每顿饭多少吃一点儿。至于吃什么，那都一样。

记得在“玩魔方”之后的第二天，恰逢复诊。中午，出了医院找吃的。吃什么？当我考虑这个问题的时候，看到马路对面一家店面写着“麻辣香锅”四个字，不知不觉流下了口水——就在那一瞬间，我第一次觉察到：药好像见效了。

如果你长时间没有食欲，突然在某一天，想吃想喝、嘴馋了——这应该是药物开始见效的明显迹象。

这也是很多患者共同的感受：抑郁症好转，从能够体会到生活的乐趣开始。

三、是否对人际交往有了主动性和参与心

自从微信的出现，我发现，判断一个人的精神状况有一个极好的办法，就是看他的朋友圈。他的病情严重的程度，和他的朋友圈活跃度成反比。

有一个朋友，是双相，每年都要在躁狂和抑郁之间循环一两次。每过一段时间，不见他发朋友圈，我就知道他大概又陷入抑郁。然后，慢慢地，看到他转发各种文章，知道他在趋于好转；再往后，看到他在朋友圈喋喋不休，高谈阔论，我就知道，他又循环到轻躁狂或躁狂了。

还有一位朋友，不久前对我说：“我现在看朋友圈，也能看，但没有感觉。不像以前那样，看了就有很多想法要表达。”

我实事求是地说："如果这样，说明你还没有好，或者说还没好透。"

后来我们继续讨论，得到一个共识：什么情况下可以判断是好转了？就是：不但可以看、转发文章，还能够写几句话，哪怕是几个字，说明自己转发的理由。

道理很简单：简单转发一篇文章，不难，就是几个机械性动作，强迫自己就可以完成。但是，如果还要写几句推荐的理由，就是主动表达，有话想说了。

这个"有话想说"很重要。首先意味着他能够开动大脑，生产内容；其次意味着有了主动参与人际交往的愿望。——假如一个人，发自内心（而不是伪装）地想参与到公共事务中，则意味着他的社会功能开始恢复。

这当然是服药见效最具有说服力的标志。

综上，判断服药是否见效，也许并不需要多么复杂的指标。一旦见效，你的内在生命能量就会蠢蠢欲动，压也压不住的。

我常对患者说："假如你还需要非常费力地思考自己服用的药物是否见效，那么多半是没有见效。"

那么怎么办呢？两个办法：咬紧牙关，坚持下去，等待隧道尽头的一线光明；或者，假如此时已经足量、足疗程，那就果断换药，别把自己的信心和耐力消耗殆尽。

作者◎张进，本书编者，"渡过"公众号创始人。

抑郁症是弥漫性、破坏性的，浸润摧残着所有的时间和空间；而当你能够聚精会神做一件事时，就意味着抑郁症的领地在退缩，新的力量在生长。

母女关系往往是抑郁之结

抑郁症，有的时候仅仅通过药物就可以解决，而有的时候则需要做系统的心理治疗。这当中，医生既要帮助患者去消除心中的块垒，又需要患者调动自身的能量来完成自救。

很多女性得了抑郁症，原因之一是未能处理好与母亲的关系。蔷薇是我以前在某著名医院外诊时遇到的一位抑郁症患者。那时她二十几岁，鹅蛋脸，画着弯弯的眉毛，有几分时尚，经常是丈夫陪同来看病。

每次取药时，她都会羞涩地笑。渐渐地我也记住了她的笑容。后来我结束了在那家医院的门诊工作，她打听到了我所在的医院，追随到我的门诊上。

她的烦恼是母亲的唠叨

那时的门诊病人还不像现在这么多，我有更多的时间留给她。她后来说的问题不再是抑郁的症状，而是谈到了她的家庭，这让我觉得她的抑郁不再那么简单。

蔷薇在上初中时，父母就离异了。原因是父亲有外遇，母亲不依不饶，闹来闹去，最终离婚了。此后，母亲就没完没了地在她的面前数落父亲的不是。开始她还很同情母亲，渐渐地，她觉得母亲的抱怨就是一种折磨。每当听到“你爹怎么怎么样”的责骂时，她几乎就要疯掉了。

原本想离家出走的她，适逢父亲从外地回来探视。父亲对她说：孩子，以你的性格，真该出去闯荡闯荡。

有了父亲的鼓励和支持，还在上高中的蔷薇就只身出来闯世界了。

父亲的判断是正确的，蔷薇果然在外面干得风生水起。和朋友一起开公司、做销售，挣了不少钱。但在婚恋方面，却不尽如人意：和第一个男友谈了几年，都到了谈婚论嫁的程度，却因为请客的问题不能达成一致而分手。现在的丈夫是第二任男友，两人开始好得如胶似漆，结婚之后蔷薇却后悔了，但对方则无论如何也不肯离婚。

争执之中，蔷薇抑郁了。她求医，服用药物之后，抑郁症状逐渐好转，但却遗留了一个难以启齿的问题：性冷淡。不过，这个问题对她来说似乎并不迫切。她最关心的是能不能避免抑郁的复发。她对每天吃药这件事非常抵触，所以在停药之后，就开始在我这里做心理治疗。

当前，抑郁症发病的确切原因还不清楚，与遗传、家庭环境、教养方式、童年经历、压力、性格、人际关系等多种因素均有关。蔷薇的近亲中至少有三个人有精神疾病，即有阳性家族史。另外，自幼家庭关系不良，这些都是抑郁发生或加重的影响因素。因此，她非常担心抑郁的复发。

当然，对她来说，最直接的烦恼就是母亲的唠叨。原本母亲在老家，觉得孤单寂寞，来投奔她，和她住在一起。但在她看来，母亲几乎就是一个麻烦制造者，总能发现生活中的不满意。最初，怀疑保姆偷家里的东西，将几个保姆赶走或气走；后来又翻起旧账，说起前夫的种种不是。此时蔷薇已经长大成人，能够从一个成年人的角度理解父亲。她觉得即使父亲不想背叛母亲，和这样的女人长期在一起，也不会幸福的。

她每次都会为父亲辩解。如此一来，母亲的唠叨最后就演变成了两人的战争。每次吵架之后，她都会连续几天心情不好。她和母亲的关系，在那段时间就成了向我进行心理咨询的主题。

以“非暴力不合作”方式接纳母亲

我当时给她的建议是：对待母亲的唠叨，采取一种“非暴力不合作”的态度。

如果母亲挑起了一个不愉快的话题，蔷薇和母亲对抗下去，那么难免会发生冲突。但发生冲突是母亲的需要，不是蔷薇的；蔷薇的对抗，恰恰就"配合"了母亲，于是冲突就会被维持下去。这是一种对"暴力"的合作，即"以暴制暴"。

和亲人发生这样的冲突，是没有赢家的。而如果对母亲的唠叨采取一种视而不见、听而不闻的态度，则"一个巴掌拍不响"，冲突就会无从产生。当然，这是一种非常理想的状态。最开始，她还能忍耐一会儿，但最终还是绷不住，和母亲发生激烈的争吵。

我和她讨论了一些应对的方法。首先，需要对母亲的行为予以一些合理的解释，比如母亲的父亲和哥哥都患有精神疾病，母亲可能在生物学上具有某些和心理疾病相近的性格特质；其次，母亲寡居多年，在人生的大好年华失去婚姻和爱情，这种人生的缺憾也会让母亲心生怨恨。

有了这些认识，蔷薇在认知上对母亲的态度发生了很大的转变。对待母亲不再报以对抗，而是多了一份同情和理解，部分地接纳了母亲的行为。

但母亲的抱怨终究是一种令人不快的刺激，于是每当母亲开口，蔷薇就会转身走到另外一个房间，或者立刻打岔，或者干脆就当蚊子在耳边叫，自己该干什么干什么。

有了这些应对，慢慢地母亲的唠叨就无法再影响她的心情。蔷薇也慢慢地想出一些办法，比如，定期让母亲去亲戚家串门，或回趟老家，或外出旅游，甚至一度托人给母亲介绍个老伴儿。

一段时间过后，蔷薇告诉我，现在她对母亲的唠叨已经具有免疫力了。

努力做一些对情绪有益的活动

但后来的一件事情让蔷薇再度陷入抑郁：她养了多年的一只小狗死了。

这只小狗一直陪伴着蔷薇，它的突然离去让蔷薇伤心不已。那段时间她情绪低落，经常哭泣，彻夜难眠。

蔷薇不想再度服药。那段时间，她没有找我，却记住了以前我给她的建议：只要抑郁不是太重，就不要在家单纯地休息，而要鼓励自己做一些既喜欢又能坚持的事情。比如运动，或做一份工作，并要鼓励自己去参加人际交往。

生命力顽强的蔷薇找到了一个办法。那时很流行在手机壳上贴钻，于是蔷薇就从网上买了材料，白天在手机壳上贴钻，晚上去后海等热闹的地方兜售。她的销售对象是一些恋人。当时她不缺钱，这样就是想让自己有事情做，而不是让自己沉浸在坏心情当中。

很快，她发现这是一件特别有意思的事情。她得到了很多买家的好评，看到恋人买到她的作品时的喜悦，也目睹了爱情的美好。当然，也获得了不菲的收入。一段时间过后，她终于走出了情绪的低谷。

当她向我叙述这些经历的时候，我觉得非常欣慰和感动。我和不少抑郁症患者都说过类似的建议，这些建议看似平淡无奇，但如果做到了，就真的会出现一些作用甚至奇迹。

遗憾的是，不少患者根本就没有去尝试，任由抑郁情绪将自己淹没。有些患者坚持去做，包括运动等很多对情绪有益的活动，尽管只是辅助治疗，但作用却不可小觑。有几个坚持运动的患者向我反馈，坚持运动一段时间之后，不但情绪好了，入睡快了，身体也更健康了。

蔷薇做过这些之后，对康复的信心大大地提升。她的经历让我想起一句话：最好的管理是自我管理，最好的治疗是自我治疗。

此后蔷薇的财运一直很好，先后开过几家店，都带来了丰厚的收入。一年后，她兴奋地告诉我，她要做妈妈了！我真诚祝贺她的同时，想到产后抑郁对她可能会是一个考验。产后抑郁的发生率原本就比较高，如果既往有抑郁症病史，则复发的风险更大。令人欣慰的是，蔷薇在产后顺利地渡过了这一关。

后来，蔷薇又做了几次咨询，抑郁没有再复发过。

抑郁症，有的时候仅仅通过药物就可以解决，此时就像一种内科疾病；而有的时候则需要做系统的心理治疗，消除一些诱发或加重的因素。

这当中，医生既要帮助患者去消除心中的块垒，又需要患者调动自身的能量来完成自救。但不论怎样，抑郁出现了，积极面对都是最重要的！

作者◎宋崇升，北京回龙观医院副主任医师。

从糖尿病看抑郁症，兼谈药物治疗和心理治疗

最新的医学研究结果指出，糖尿病与抑郁症均属于一种同源性的疾病，二者有类似的发病机制。

抑郁是一种心理情绪，几乎每个人都体验过，喜怒哀乐，五味杂陈，人生本就如此。对大多数人而言，不会无因而抑，也不会持久成郁，最终都会走出来，恢复平稳。

而抑郁症患者则看上去深陷于抑郁泥潭，不能自拔，甚至走向自我毁灭。这让人不禁会给抑郁症患者贴上标签：钻牛角尖、太执着、放不下、想不开、心眼儿小、懒惰、逃避，等等。

以前，社会上把抑郁症看成思想问题，现在认可是一种病，这是一个进步。但大家更偏向认同是心理疾病，认为患者最需要

的是心理辅导、启发疏通，改变思维。很多抑郁患者也自认如此，花高价请心理咨询大师，不相信药物治疗，或视吃药为病耻，追求尽快停药。

然而，抑郁症并不是简单的心理疾病，而是实实在在的生理疾病，是大脑神经递质（血清素、去甲肾上腺素、多巴胺）分泌不足或者失去平衡造成的。是疾病就有症状，只不过不同于其他大多数以身体症状为主的病，抑郁症是以心理症状为主。

这些知识按说并不新鲜，上网都能查到，但大多数人还是不能很好地理解。究其原因，我很赞同张进老师在《渡过 1：抑郁症治愈笔记》一书中的观点："抑郁症这个名字不科学，应该称为脑功能失调症。"抑郁症这个病名已经约定俗成，总让人顾名思义，以为走不出抑郁情绪就变成了抑郁症，确实造成了很多误导。

另外，对抑郁症的介绍多为医学名词术语，太过理论深奥。现在我用糖尿病来比对吧。

糖尿病的病因是胰岛素分泌缺陷或其生物作用受损导致人体血糖升高，从而引起各种组织，特别是眼、肾、心脏、血管、神经的慢性损害和功能障碍，主要表现为多饮、多尿、多食和消瘦等生理症状。

按照同样的句式，可以把抑郁症再说一遍：抑郁症是由大脑神经递质分泌缺陷或其生物作用受损，导致人脑功能失调从而引起慢性损害和功能障碍，主要表现为悲观绝望、自卑消极、多思多虑、丧失活力等心理症状。

实际上，用糖尿病来说明抑郁症，还真不是单纯为了好理解。最近的医学研究结果指出，糖尿病与抑郁症均属于一种同源性的疾病，二者有类似的发病机制，均在于下丘脑—垂体—肾上腺轴的功能紊乱。

有了这个比对，有些道理就会浅显易懂。你会认为糖尿病是因为心理问题而患上的吗？你会通过心理辅导让一个糖尿病患者的血糖降下来吗？得了糖尿病不需要吃药和打胰岛素吗？答案当然都是否定的。

如此，抑郁症与吃药之间的关系也应该说清楚了，吃药不是好不好的问题，而是不得不的问题。药物见效之时，如拨云见日，霍然而愈，浴火重生。精神学科对抑郁症最重要和伟大的贡献莫过于两个：一是阐明了作用机制，二是发明了治疗药物。

情绪是连接心理和生理的桥梁，古代医学养生讲大喜、大悲、大怒都会导致身体疾病，就是这个道理。抑郁情绪与抑郁症肯定是相关的，而且是正相关。但抑郁情绪毕竟不是抑郁症的充分条件，这一点也正如糖尿病与营养过剩及缺乏运动有关，但遗传因素、个体差异等也起着重要和难以定论的作用。

即便我们不去纠缠确切的病因，即便我们认可抑郁情绪失控会导致抑郁症，也一定要明白，那是一种质变，是两个截然不同的阶段，是此岸与彼岸的分界。

因此，应对二者的手段也迥然不同。抑郁症如果到了中度以上，一定要从单纯的心理治疗，转为先通过药物治疗控制症状。

可以断言，只要神经递质没出现分泌问题，遇到抑郁的事和抑郁心理，大多数人可以找出各种办法来缓解和摆脱。而如果神经递质出现了分泌问题，如果不吃药不治疗，无论你有多大的才华、多高的智慧、多少的财富、多深的领悟，喝了多少鸡汤，找了多少心理大师咨询，也很难摆脱抑郁黑狗的噬咬。

我二十几岁时也得过抑郁症，那时寻求过倾诉、咨询、看心理书籍、做心理辅导等方法。如此下来，感到所有的“愁事”都已想开，一切的“烦恼”都愿意放下，所有的“道理”已然明白，然而却毫无作用。

悲观、绝望、灰暗、无兴趣、无活力的病理状态日益加重……

终于到了没有退路的时候，父亲和母亲坚定地按照医嘱给我服药，那时候的老三环类药物让我口干、多汗、心悸，但终于坚持了下来。两个月后，忽然有一天，站在窗前，感受到早春的暖风吹拂在脸上，抬头看艳阳蓝天，瞬间内心平静祥和，化蛹为蝶，重生的喜悦直上九天。

如今，20 多年过去了，无论工作、生活和身体，总体而言，一切安好！内心平静，感恩释然。善良、美丽、聪慧的女儿即将年满 18 岁，我希望她看到这篇文章。

得了抑郁症不要怕，用药是有效的，万一复发还能再控制。抑郁症也不是高级病，不光精英或文化人得，谁都有可能得。得了很痛苦，但不“羞耻”。

有一点也很欣慰，抑郁症也有不少“正效应”，它可以让你对人生有超出常人的深刻体验，还会激发、代偿和提升一些身心功能。

作者◎田梁子

美国如何治疗抑郁症

本文作者是一位在美国求学的临床心理学高年级博士，本文是她平日研究、观察所得，旨在介绍当下美国治疗抑郁症的方法，希望能对中国的同行有“他山之石”之效。

本文所说的抑郁症，包括短期由某件事情引发的抑郁情绪，以及慢性、持久的抑郁症状。

本文分三部分：第一部分介绍作者背景，好让大家自行判断信息来源的可信性；第二部分介绍各种基于研究的疗法；第三部分为作者的临床感受。

我是谁？我的话可信吗？

决定要不要吸取某些信息前，留个心眼儿：问一下说话的这个人，是什么资格、什么背景总是没坏处的！

因此简单介绍一下我自己。我是一名临床心理学高年级博士在读生。我所在的 Stony Brook University（石溪大学）临床心理学博士项目经美国心理学会（American Psychological Association，APA）认证，受其严格管理。我所在项目为研究－临床双面培养型，意味着除了看诊，还要同时做临床心理学相关研究。

所以，当我与患者谈论治疗方案时，必然要有学术研究依据。很多心理治疗方法并没有通过科学测试，有些基于宗教信仰，有些基于个人经验，也有些纯粹没有什么逻辑，这是需要避免的。

不管怎么样，在介绍疗法前，我希望读者明确我所说的主流方法是有科研依据、被证明有效的。

我还要向读者介绍的是：我的专业训练主要为认知行为学派，并辅之以其他有数据支持的方法。

让我们来谈谈疗法吧

首先说明，我主要介绍几种有研究数据的主流疗法，并且只涉及抑郁类症状。也就是说，对付焦虑症状有其他方法，狂躁症状亦如此，在此暂且不提。

精神／心理治疗主要有两个方向：药物治疗以及心理治疗。在美国，药物治疗由精神科医生开处方药；心理学家进行心理治疗。绝大多数州法律都不支持两者互相转换。

药物治疗：

治疗情绪类问题的精神类药物有很多种，不属于我的专业范围（由精神科医生负责），在此不细说。

只强调两点：

第一点，由于科学界并没有完全破解抑郁的生理机理，大部分药物我们知道它起作用，但不知道它为什么会起作用。因此，同一个病人有可能要尝试几种不同的药物后，才知道哪种起作用。

第二点，大多数精神科医生在开药的时候，副作用是主要考虑因素之一。比如，有的药物容易引起体重增加，那么会尽量避免给青春期的女孩子开。有的药物会和食物产生化学反应而有危险，也要尽量避免。

心理治疗：

主流心理疗法按学派主要分为认知行为疗法（Cognitive Behavioral Therapy——CBT）、人际关系疗法（Interpersonal Psychotherapy——IPT）、（短期）精神分析疗法［(Short-term) Psycho Dynamic Psychotherapy——STDP］，以及针对长期抑郁患者的 Cognitive Behavior Alanalysis System of Psychotherapy（CBASP）疗法。

最后一种没有查到汉译，我自己译为“认知行为分析系统疗法”，目前它是一种比较新的疗法。据我所知，中国国内可能尚未有受此训练的专业心理学家和治疗师。

认知行为疗法（CBT）：顾名思义，它是结合了认知疗法和行为疗法的一种综合疗法。

区别于精神分析疗法，CBT 关注当前问题，并不特别寻求儿时的心理创伤，而是直接定位在当下影响心情的思维方式和行为模式，然后经过系统的思维模式训练和行为训练，来帮助患者改变抑郁式思维和抑郁式行为。

CBT 认为人的思维、行为和感觉三者，是互相联系的（“思维—感觉—行为”为三角形的三点，互相影响）。比如，当一个人的思想一直停留在自己昨天犯的错误，并认为自己做什么事情都没有用、什么都干不好时，就会因此失去行动力去扭转局面；而不去行动就意味着问题一直存在，心情就会持续低落，那么就会觉得自己更加无力，更加无助，因此恶性循环。

CBT 治疗师会通过精确定位“思维、感觉、行为”这个三角中存在的问题，进行针对性的改变。患者在此期间，要高度配合治疗，不断地做改变的功课。简单来说，就是以积极的思维和行为模式来取代抑郁型模式。治疗师负责提供具体、细节的方案。

人际关系疗法（IPT）：现代 IPT 起源于精神分析学派，但抛弃了精神分析关于人格的部分，而吸取 CBT 的整体框架。

IPT 专注在人际关系上。对于很多抑郁症患者来说，人际关系会产生很大的心理压力，因此 IPT 侧重于找到人际交往中的思维和行为模式，强化对于自己在一段关系中的角色的认知，以改变人际关系来扭转情绪。

（短期）精神分析疗法（STDP）：起源于人们所熟悉的弗洛伊德的精神分析学派，致力于在最短时间内，最大限度地放大病人的情绪，找到病人的儿时创伤和自我保护模式，并应用治疗师与患者之间的关系为载体，帮助患者学会更健康地与他人、与自己相处的方式。

此处我要特别提一下催眠。催眠的确和精神分析学派有不少渊源，但当代精神分析师并不以催眠为主要治疗手段。美国 APA 官方资料上显示，催眠是治疗师指导患者去感觉或想象某种情景，可以使人放松，所以常用于缓解身体疼痛类问题。

但要注意三点：

1. 催眠本身不单独称为一种疗法；

2. 催眠并不能使人失去意识控制，受催眠者清楚地知道自己在哪里、在干什么；

3. 催眠师要有专门的资格证。

认知行为分析系统疗法（CBASP）：作为数据显示的最有效治疗长期抑郁的疗法，CBASP 认为长期抑郁患者的病因，是和周围环境脱节，认为自己做什么都不会产生任何影响。

这种“习得性无助感”多半来自早期的经历。比如，暴力家庭环境会让幼小的孩子看到自己怎么做都无法阻止可怕的事情发生，这种无助感深深扎根在思维模式中，使得他直到长大后都认为自己是无助的，是无力回天的，“不管我做什么，结果都不会是我想要的”之类的情绪。

比如，我的一个病人从来不跟自己的妻子说自己想要什么，因为觉得说了也没用。与此同时，他经常生闷气，因为他觉得自己的妻子不知道自己想要什么。有一次，妻子买了一条狗让他帮忙遛狗，他什么都没说。而他在遛狗的时候却生闷气，心想，“就是因为我无能，我的时间才只配用来遛狗”；紧接着他又想，“你看，我的人生就是这样，我是个失败者，永远得不到自己想要的”。

这个病人的想法体现了两个问题：

1. Global Thinking（广义思维），即把与一个人的一件事扩大到自己的整个人生以及和所有人的关系。

2. 他希望在自己不表达想法的前提下，别人能魔法般地“读懂自己的心”，想要一个在自己不行动的情况下，周围环境能按他希望的方向发展，如果不能，那么他就是无助的。他之所以不行动，也是基于坚定地认为自己即使说了也没用，没人会愿意听他的话。

CBASP 的意思是：任何一件事情的发展都是由个人与环境（包括环境中的人）相互作用的结果。当 CBASP 治疗让他终于有勇气说出自己的观点后，他发现自己的生活有更多的可控性，也因此变得更有信心。

当然整个过程包括细节化的情景分析、找到思维障碍、进行语言及行为训练。可见，CBASP 有 CBT 和 IPT 的影子，就是通过具体系统的训练来让患者能够开始突破障碍去行动，并因此越来越多地在生活中得到他／她想要的。

下面我们来说说疗效：

研究表明：

1. 药物疗法和心理疗法在治疗抑郁症疗效上基本相当。

2. IPT、CBT 和 STDP 在治疗应急性抑郁的疗效上差别不大。

3. 在治疗长期抑郁症患者上，CBASP 的疗效和其他疗法相当。CBASP ＋药物疗效较好。

对比心理治疗，药物治疗的优缺点如下：

优点：

1. 见效有可能比心理治疗快；

2. 费用比心理治疗通常少很多。

缺点：

1. 有副作用（睡眠、体重、心血管等方面，不同药物副作用不同）；

2. 只要停药，药物作用也停止，如果不辅助心理治疗，复发基本是肯定的。

心理治疗的优缺点：

优点：

1. 长久地改善思维行为模式；

2. 没有什么副作用。

缺点：

1. 费用贵（好在美国保险经常包括 CBT）；

2. 耗时长，一般 10 次才见效，每次 50 分钟左右，总疗程需要三四个月；

3. 疗效不稳定，随患者自身努力程度而有起伏。

我个人的观点：

上面说了，除了看诊，我是做研究的，我是一个信赖数据的治疗师。我的经验告诉我，治疗抑郁症，应以 CBT 和 CBASP 为主。应用 IPT 以及 SDTP 的某些特定治疗技术，大部分患者在没有用药的情况下，至少会有一定程度的好转。特别是重度患者，包括有自杀危险的患者，短期住院治疗后也应该进行心理跟踪治疗。

至于本文没有提到的其他疗法，如音乐疗法、艺术疗法、剧情疗法、香薰疗法等，尽管没有数据支持，我并不反对在用主流疗法的同时加入这些。说得直白些，只要是患者觉得能缓解心情的疗法，干吗不支持患者自己使用呢？

在美国，提供精神健康服务的人员通常包括注册社工、注册精神科护士、咨询师、各种治疗师、精神科医生，以及临床心理学家。其中，注册社工、咨询师以及临床心理学家提供心理治疗，注册精神科护士和精神科医生则做药物治疗。

如果你去看病，请注意，很多人参加过一定培训获得资格证即可称自己为治疗师，咨询师通常有咨询类硕士或博士学位，但是都不可以称自己为临床心理学家。

“心理学家”这个词受法律严格保护，只有经过美国 APA 认证的临床心理博士（PhD 或 PsyD）项目毕业的人员才可以称为临床心理学家，也只有这些人通过资格证考试后（通常意味着

7~10 年超过 4000~5000 个小时训练），才能以独立临床心理学家的身份收费看诊。

作者◎金婧雯，美国石溪大学临床心理学博士。

用综合征思维治疗抑郁症

如何理解抑郁症？如何对症下药？药物治疗和心理学治疗怎样结合？对此，本书编者张进采访了北京回龙观医院院长杨甫德。他认为，对抑郁症的生物学治疗和心理治疗两者不矛盾。从原理上说，心理治疗是可以直接改变认知的，从而改变情绪和行为，应该兼顾二者，借鉴其他各种有益的方法，多管齐下，治疗抑郁症。

抑郁症是一种常见的精神疾病。据世界卫生组织（WHO）统计，全世界抑郁症发病率约为11%，全球共有超过3.5亿名抑郁症患者。但是，抑郁症的发病机理、治疗路径仍不清晰。治疗抑郁症，是一个全球性的研究课题。

一般来说，抑郁症治疗分为两大派：生物精神病学派，俗称

“有脑无心”，主张药物治疗；纯心理学派，俗称“有心无脑”，主张通过改善情绪、认知、行为等治疗抑郁症。而北京大学回龙观临床医学院北京回龙观医院院长杨甫德自称“中间派”，认为应该兼顾二者，以及借鉴其他各种有益的方法，多管齐下，治疗抑郁症。

如何理解抑郁症？如何对症下药？药物治疗和心理治疗怎样结合？对此，本书编者张进采访了北京回龙观医院院长杨甫德。

抑郁症的“上游”和“下游”

抑郁症的病因仍不清晰，从上游中枢神经到下游神经递质，从认知到行为，都有可能出问题。

问：公众对抑郁症的认知仍比较模糊。您认为抑郁症是怎样发生的？

答：人的精神活动可以简化为一个“刺激—调节—反馈”的循环，精神疾病的发生很多是整个环路异常，难以找到单一靶点，很复杂。

简单地说，外部因素通过刺激上游的神经中枢，如大脑皮层、下丘脑、垂体、神经核团等器官，改变大脑内三种神经递质（血清素、去甲肾上腺素和多巴胺）的浓度。神经递质在脑细胞之间传递信息，调节人的情绪、意志、欲望、情感等，而这些又会反过来对认知形成反馈。整个环路上任何环节，都有可能出现问题，引发抑郁症。

问：目前我们往往说精神疾病的发生与神经递质异常有关，这是抑郁症发病的主因吗？

答：的确，大脑中神经递质浓度的异常与抑郁症等精神疾病直接关联，但递质仅仅是整个环路中下游，不是全部。抑郁症的发病机制很复杂，我们对上游因素的了解还很少。比如，大脑的皮层、灰质、白质、神经环路，都属于上游。

目前通常说抑郁症发病的三大因素为生物学因素、社会环境因素、心理性格因素，三者之间也有交叉影响。生物学因素包括遗传，但研究显示，遗传在抑郁症发生、发展中影响并不大。核磁共振影像可看出，抑郁症患者的大脑有显著的生物学改变，以器质的功能异常为主。 它们和神经递质的浓度，可以理解为上下游的关系。

总体而言，抑郁症可能是很多因素导致的，甚至包括环境污染、外来创伤等，但具体机制还不清楚。

问：对于上游因素，现在最前沿的研究有什么进展？

答：在上游这一块，功能影像、基因研究最热门，现在还没有突破性的成果，而需要研究的问题却越来越多。

问：中国在这方面的研究水平如何？

答：中国和世界基本同步。检测手段是一样的，但理念上落后。我们在追踪国际前沿水平，其他国家同行发现哪个脑区有异常，我们重复试验。这是有意义的，因为不同人种结果也会不同。

多管齐下，综合治疗

生物学治疗和心理治疗两者不矛盾。抑郁急性发作时，药物从下游先解决递质失衡，带动感知变化，反过来影响上游。类似平时所说的正反馈、负反馈。

问：目前对抑郁症的治疗采取什么方法？

答：我们认识到抑郁症是环路或广泛性异常，而不是某个点异常。但中枢神经系统太复杂，现在的治疗手段与环路治疗差得还很远。

治疗主要分为三大类——药物治疗、心理治疗、物理治疗；治疗思路分为两大学派，生物精神病学派，俗称“有脑无心”；纯心理学派，俗称“有心无脑”。我是中间派，兼顾两派。

问：现在药物派和心理派似乎经常互相排斥。您是精神科医生，如何理解心理治疗？

答：生物学治疗和心理治疗两者不矛盾。从原理上说，心理治疗是可以直接改变认知的，从而改变情绪和行为。心理治疗最希望能从更高层面，即中枢层面的干预，以此来调节神经递质等，改变下游。

问：这就是说，心理治疗也能间接改变神经递质水平？

答：我认为，心理治疗应该会导致下游变化，但相关研究不多。从科学研究的角度看，对心理治疗的重现性不够，需要控制的因素太多。比如，治疗师的语气不对，可能治疗的效果也有不同。

但心理治疗肯定是有效的。目前，心理治疗中最权威的是认知治疗、认知行为治疗。有程序化的治疗模式，如针对皮层功能、神经核团活性等。心理调节的真正含义是，在你痛苦的时候，持续专注地做一件事，你几乎可以从任何痛苦中走出来。

问：从综合征思维看，精神科医生是否应该结合心理治疗？

答：我认为精神科医生必须会做心理治疗。一方面，目前法律规定，精神科医生可以做心理治疗，不需要单独考取资格，这个资格你浪费了就很可惜；另一方面，药物治疗只是一部分，心理治疗是很深奥的，需要多多学习国际前沿知识。

问：物理治疗是指什么？

答：物理治疗是指电休克治疗、计算机认知矫正治疗（CCRT）、磁刺激治疗、DBS（深部电刺激）等。我认为，物理治疗在未来一二十年会有较大的发展，将成为既有循证支持、又能被临床广泛应用的治疗方式。

问：什么是 DBS（深部电刺激）？

答：类似于心脏起搏器，但创伤极小，能直接定位到特定脑区进行刺激。目前仍停留在研究阶段，不能临床使用。我认为这种方法的发展很重要、更精准，但需要基于对疾病更深的理解。

问：您认为中药对治疗抑郁症有用吗？

答：在我的实践中，我把中医作为辅助性治疗方式。中医比较温和。目前西药治疗仍是治疗抑郁症的主要手段。

问：如果两方面兼顾，一般门诊看一个病人需要多长时间？

答：初诊要20~30分钟。首诊的基本内容包括：①病史获知，了解本次就诊原因、性格特征、家族史，5~10分钟。②精神检查，包括认知、状态、行为活动。③开头医患沟通，结尾给出明确建议。如果不沟通，患者依从性差，前面所有努力都会付诸东流。

问：但现实中似乎不可能？据我所知，很多医生分配给一个病人的时间只能有10分钟。

答：10分钟肯定不够。但医患关系现实是如此，医生需要寻找平衡，患者需要理解。

如何用药

对独特个体，适当时机，适当治疗。特定的药用于个体靶症状，才叫对症下药。这也是精准医疗的基本概念。

问：您作为精神科医生，应该更推崇药物治疗吧？

答：目前，抑郁症药物治疗相对更有把握，即通过干预下游调整神经递质水平，从而改善症状。可以说，下游主管我们的外界感知，而药物是为了维持下游机制的正常。

但药物治疗有局限性。有研究显示，药物对 30% 的抑郁症患者无效，这就属于难治性抑郁症。

问：如何认定药物无效？

答：一般来说，两种化学结构不同的药物，足量、足疗程治疗，一般要经历约 12 周，疗效仍然不好，就可以列为难治性抑郁症。但是，如果治好一次后复发，就不算难治性抑郁症。

问：对于难治性抑郁症，药物之外的方式可能有效吗？

答：当然。抑郁症患者的症状，不只是神经递质因素决定的。刚才说了，上下游都有关系。有的患者通过运动、中药、做公益等方式，病情也有所改善，甚至能够治愈。

问：怎么界定临床治愈？

答：首先，症状要80%以上得到控制；其次，这种状态要稳定6个月以上；最后，社会功能等基本恢复到病前水平。

问：那么，应该如何选择用药？什么药最好？

答：不应该说药好不好，而应该说用得好不好。对所有药物进行群体观察，结论是疗效几乎都是70%。关键是你能把这个药，用在你的患者身上体现出疗效。把症状识别得很清楚，判断患者对哪种药物敏感，把药物的效用发挥到最大，这是临床医生的本事。

这也是精准医疗的基本概念。对独特个体，在适当时机给予适当治疗。针对个体靶症状选择特定的药物使用，才叫对症下药。

问：用药时还需注意什么？

答：患者失眠、焦虑、疼痛症状明显时，需联合用抗焦虑药，先改善患者的不适感受。

有时候，我不是根据效果选药，而是根据副作用选药。事实上，针对同一症状的不同药物，疗效差别不大，但患者的耐受性不一样，所以可以从回避副作用的角度来考虑选择哪一种药物更适合患者。

此外，还需要做好评估，及时调整剂量。不然患者感受不好。

问：如何判断剂量是否合适？

答：关于剂量，理论上分为两派。一派认为需要足量、足疗程；另一派则认为长期大剂量对大脑不好。

足疗程，即系统全程，分为三期：急性期是 6~8 周，最长 12 周，治疗以症状控制为主；巩固期是 4~6 个月，病情没有波动、稳定，药物剂量不变；恢复期是 6~9 个月，药物剂量基本不变，需要更多心理社会支持、功能恢复。三个阶段都要预防自杀风险。

对于足量，不同医生的理解不完全一致。我认为，说明书规定的最大量，未必是足量，而要看患者自己的感受，可以从疗效、副作用两方面考虑。一般而言，患者开始感到有副作用，表明药量差不多了。

问：医生依据什么作出判断？

答：主要靠经验。首先，对个体评估。某种药，有的患者也许 1 片就够了，有的人则需要几片。其次，在后续调整中需要不断观察，循序渐进。一般需要经过 2~3 周的观察，如果药物无效，要在最大剂量范围内调整剂量。需要注意的是，药物是否有效，需要足量使用 4~6 周后才能下结论。不要轻易放弃任何一种治疗药物。

问：有的药物说明书上说，抗抑郁药物会增加自杀风险。这是什么原因？

答：这是世界各地都存在的复杂问题，目前观点不统一。

美国最早发现，基于循证证据，年轻人用抗抑郁药物可能会增加自杀风险，但具体机制尚不清楚。

作为临床医生，我的理解是，其一，用药后早期会加重负性的感知。因为用药前一两周，效果还没显现，副作用显著加重。年轻人大脑发育更不成熟，在这一阶段承受力相对较弱。其二，不同药物有差异，机制不一样，也许对年轻人副作用更大。

问：抑郁症相关药物长期服用，会对人体有害吗?

答：不一定。目前对这个问题的认识仍有误区。有人认为精神科药物长期服用副作用严重，会上瘾，等等。但对于同样需要长期服用的治疗高血压、糖尿病的药物，就不会有这样的看法。

问：近年来，国际上药物治疗方面，有什么创新和突破?

答：几乎没有突破。到目前，所有药物的作用机制都停留在调节递质上。我认为未来突破的期望也不大，因为致病的上游因素还不清楚。需要从其他角度、思路突破。

如何诊断

主要靠细致问诊；为避免误诊，要有综合征思维；危急情况不能单纯采用心理治疗。

问：刚才谈了用药，我们再谈谈诊断。目前抑郁症的诊断有

直观、量化的指标吗？

答：没有。通过影像、分子等指标进行早期生物学诊断方面的研究一直在进行，但没有突破性进展，特异性不强。此外，就算有相关指标，也无法在全国推行，因为不符合精神科现状。目前精神疾病患者大多都在基层就诊，但大多数基层医院不会配备如磁共振（MR）等相关设备，未来的路还很长。

问：目前的抑郁症诊断方法主要是什么？

答：主要靠问诊。抑郁症诊断有两个必要条件。其一，核心症状一定要有两条以上。核心症状包括情绪低落、兴趣减退、精力缺乏。其二，有功能损害。能正常工作、人际交往的不能算。

问：有人说抑郁症患病的最大特征是想自杀？

答：不能这么说。有自杀风险不一定有抑郁症。但医生诊断时，需要评估有无自杀危险性。有自杀风险需要住院，精神科医生需对家属提醒。如果有自杀倾向，不能单纯采用心理治疗，因为效果不够，可能需要运用电休克等治疗方法。

问：抑郁症、双相情感障碍等不同病症有相似的表征，如何避免误诊？

答：首先，要进行比较细致的问诊。一方面，排除器质性疾病，如心血管、肝肾功能损害导致的精神问题，还要询问烟酒依赖、药品毒品使用史。另一方面，询问家族史。尤其对疑难病例，家族史是重要信息。其次，要抓住核心症状。对症状的评估有几个维度：原发、继发症状；核心、附加症状；肯定、可疑症状；系统频发症状、片段单一症状。症状是单一的，要综合成某个现象。这就叫综合征思维。

问：据说双相情感障碍不易被识别，通常需 8~10 年才能确诊。应该注意哪些问题？

答：首先，轻躁狂、躁狂出现才能提示双相；其次，双相患者会出现一些妄想，但与精神分裂症患者的妄想症状有区别。双相患者妄想时出现夸大、被害、名人妄想的居多，与自身经历和当时心情有关。心情好时多为夸大；心情抑郁，妄想的内容多是罪恶、虚无。但有一定理性和逻辑，特别离奇的少。

问：有学者在进行量化诊断的研究，即通过一系列量表诊断病情，您觉得会是未来的趋势吗？

答：可操作性还需研究，需要研发实用的工具。现在量化诊断存在一些操作性问题。比如，需要的时间太长、填完表格后无法立刻出结果。需要随病程动态多次测量才更有意义。

量化诊断是有意义的，目前在诊断中医生个人经验的成分太多，今后结合量化结果，可作为治疗方案调整的依据。

被采访者◎杨甫德，北京回龙观医院院长。

心理学如何对付强迫症

本文作者是一位心理咨询师，也曾是一位神经症患者。她依据个人经历和专业素养写成这篇文章，她认为，强迫症的主要表现就是不接纳症状、不接纳自己，所以，对抗强迫症，第一步要做的就是自我接纳。

强迫症，是以强迫症状（主要表现为强迫思维和强迫行为）为主要表现的一种神经症。笔者认为，强迫行为其实是强迫思维的外部表现。比如，内心反复有“担心手很脏”的想法，外部就表现为不断洗手；脑子里总是反复出现“眼镜有没有歪”这样一个强迫观念，实际表现就是不停地拿下眼镜来检查。

强迫症是焦虑障碍的一种，以焦虑和内心冲突为主要体验。有人说，强迫症是所有神经症里面痛苦程度最高的，甚至将其称作“精神之癌”，这个说法未免让人胆战心惊，但也从一个侧面反映出强迫症的痛苦和治疗难度。

笔者是一个心理咨询师，早年的性格也很内向、敏感、完美主义，因此对强迫症患者朋友的内心痛苦感同身受。

强迫症是一种什么样的体验

有的来访者会说，强迫症“生不如死”。何以这样痛苦？

前面说到，强迫症以焦虑和内心冲突为主要内心体验。强迫症状千变万化，但是变来变去，我认为不外乎内心那个“怕”字。“怕”从何而来？可以是怕脏、怕脸红、怕别人觉得自己怪、怕得罪人、怕自己伤害别人、怕试卷没有检查充分，等等。所以，第一层焦虑就是这个单纯的“怕”。这种恐惧感会让人不舒服。

强迫症患者的怕是千奇百怪的，被称为症状的“泛化”。我听过一个奇特的症状，是患者担心自己买东西给别人的钱上面的细菌会伤害到别人！所以，这种“怕”是非理性的。

有一种说法我觉得很贴切：强迫症患者内心往往有一种不安全感，而头脑就会抓住这种不安全感，编织出种种担心、恐惧的念头。这些念头是虚幻不实的，仅仅是那种不安全感的投射。强迫症患者就是这样和这些幻象苦苦斗争，就像大战风车的堂·吉诃德。

第二层焦虑就是对焦虑的焦虑。强迫症病友的个性往往比较执着，喜欢钻牛角尖。当内心有痛苦体验时，往往执着于这种感受。此时注意力会变得狭窄，越注意这种感受，这种感受就越会被放大及变得敏锐，最终固定下来。

森田疗法的创始人森田正马先生发现了感觉与注意的交互作用，称为精神交互作用。之所以固执，是因为害怕和排斥；而固执之后就容易对这类感受非常敏感，一出现就很害怕。甚至在事情还没有出现之前就担心会出现，时时刻刻提心吊胆。比如，还没有和人交往就担心会脸红，还没有开始读书就担心读不懂。这种预期焦虑，也是对焦虑的焦虑。于是这种焦虑和害怕就一层层循环下去，让强迫症病友的内心一刻也不得安宁。

强迫症还以剧烈的内心冲突为特征，这也有两种形式：一种是强迫与反强迫。前面提到了，就是产生了担心害怕的感受，却不想让自己担心和害怕。打一个常见的比方就是，反复洗手却不想让自己洗。另一种是由于强迫症患者的性格常常是完美主义的，凡事都希望做出一个最优选择。

严重的强迫症患者整日陷入强迫思维、强迫行为不能自拔，内心充满焦虑恐惧，根本无法关注外在的人和事，影响到他的人际功能、工作效率，这又增加了新的焦虑来源。强迫症常常伴随发生抑郁，这是自然而然和可以理解的。

这就是强迫症患者，一群将生命能量用于内耗、自己和自己做斗争的人。

什么样的人容易得强迫症

强迫症的病因目前无统一定论，一个共识是：要从生物、心理、社会多个维度进行考量。

我想先从各家理论开始梳理，之后从临床个案的观察来分析。

首先，从森田疗法说起。森田疗法被认为是治疗神经质症（包括强迫症、恐惧症、神经衰弱等）比较有效的方法。创始人森田正马认为，具有疑病素质的人容易患神经质症。疑病素质是指人格方面异常或有强烈的倾向性，表现为谨小慎微、追求完美、敏感多疑、做事按部就班等特点。他认为疑病素质基调是神经质发生的基础，这种素质的人对自己的身心过分担心，在某些情况下，把任何人都常有的感受、情绪、想法视为病态，为之专注、苦恼，主观上渐渐构成病，并将注意力集中于此种感觉上，使此感觉放大。森田正马本人就是神经质症患者，他从个人经历及大量临床个案中提炼、创造了森田疗法。

但是疑病素质是从哪里来的？精神分析理论和我的个人实践经验可以做出解释。

弗洛伊德将人的性心理发育阶段分为口欲期、肛欲期、俄狄浦斯期、潜伏期及青春期。其中 1~3 岁肛欲期是形成自主性和道德良知的阶段，这一时期，孩子必须学会控制生理排泄，使之符合社会要求。如果父母管教训练过于严格，孩子的自主意志受到打压，容易形成循规蹈矩、谨小慎微、吝啬的人格特征，认知上容易用“应该”“必须”来要求自己，比较固执、刻板，容易用好坏、是非的眼光去看待事物。这和强迫症患者容易评判、执着的性格特征是相符的。

实践中还发现强迫症患者的成长经历中有一些共性：

1. 家庭教养方式

我认为不仅仅在肛欲期，在整个早年教养中，如果父母过于严格，且在方法上常常批评、挑剔、指责甚至体罚孩子，孩子会觉得自己不够好，害怕犯错。久而久之，就形成了自卑、缺乏安全感的性格特征。

除了过于严格，在实践中我发现过于溺爱也是强迫症患者的温床。家长什么都不让孩子干，担心孩子这也干不好，那也干不好，无疑在暗示孩子是不行的、无能的，这样的孩子在面临新事物时，往往畏首畏尾，不敢轻易尝试。父母过度溺爱和包办实际上是处理自己内心担心和恐惧的方法，这种恐惧已经潜移默化地投射到孩子的内心，形成了“怕”的来源。大部分情况下，过于严格和过于溺爱往往是交织的。下面举一个过于挑剔严格和过度溺爱结合的典型例子：

小A，一个初中女生，有强迫检查、强迫回读的症状，考试时常常最后一个交卷，务必检查到最后一刻才放心。看书总担心自己没有看明白每一个字，所以要反复看好多遍，但是又不想让自己这样。焦虑冲突，非常痛苦。

深入了解她的成长经历后得知，她的爸爸是一个做事小心挑剔的人，不允许孩子犯错。比如，打破一个碗就说她半天，最后干脆说以后你不要再拿碗和洗碗了。平时要求、规矩也比较多，比如一定要把某个东西放在某个位置，如果没有放对就会被数落半天。教育中有很多“应该”和“必须”，孩子的性格就比较固执刻板。而她的爸爸呢，更是一个固执急躁的人，根本不给女儿学习家务的机会，都一手包办了，生怕女儿做得不好，不合心意。女儿学习很用功，父母想让女儿有更多时间学习，什么都不让孩子做，衣来伸手，饭来张口，养成了孩子以自我为中心的性格。

2. 父母的榜样示范及家庭氛围

如果父母本身就是缺乏安全感的人，觉得世界是危险的，坏人多过好人，那么他们在待人接物上就会表现出防御、胆小。比如，一位妈妈从小就教育孩子出门不要带包，怕有人抢劫，这个孩子就会树立一种观念：世界是危险的，周围的陌生人很可能要伤害我，这个“怕”字从小就根植于心了。

夫妻关系不和谐，经常吵架，甚至打架，孩子从小生长在这样的环境里，常常处于不安的状态。不仅如此，幼小的孩子常常会为父母的问题承担责任，认为自己不够好，形成自卑内疚的人格特点，对孩子一生的成长都很不利。

这样的案例真是数不胜数，问题家庭往往造就问题孩子，不仅是强迫症，还可能是其他种种问题。但是，父母也是自身成长经历的受害者，控诉父母无法解决问题，只希望对父母的心理教育也能够更多普及，让更多孩子在正确的指导下健康成长。

3. 童年心理创伤

按照弗洛伊德的理论，即使是一个人心理发育很好，顺利度过了口欲期、肛欲期，建立了对人的安全感和信任感，但是一次大的创伤就可能毁掉之前的全部成果。

小 B，有严重的强迫观念。简单说，就是头脑中有各种各样的“怕”，极度完美主义，对人不信任，觉得别人要伤害自己。他的父亲是一个难以控制自己愤怒情绪的人，他还在上中学时，在一次和父亲的冲突中，父亲用手掐住他的脖子，让他差点儿窒息。从此以后，这个孩子陷入抑郁、焦虑和强迫的泥潭中。

4. 性压抑及对自我的不接纳

有研究表明，强迫症通常在青少年发病，城乡患病率相近。约 10% 的患者发病于 10~15 岁，75% 的患者发病于 30 岁以前。

10~15 岁，正值青春期，是一个孩子性发育的高峰。面对自己的性欲望及性行为，如果有正确的教育和引导，青少年可以顺利度过。然而强迫症患者面对自己身体和心理的发育，常常是不接纳的，这就加剧了思想的矛盾冲突。性欲望本身是一种强烈的能量，如果压抑不让其释放，这种能量就会通过其他途径表达，而症状往往是其替代。

小 C，27 岁，来咨询时因为种种身体不适，总是担心身体这里不好，那里不好，非常敏感身体的变化。慢慢地，他开始吐露自己有一个强迫观念是，非常担心别人知道自己是因为自慰才出现种种身体不适。他本人从中学开始有自慰行为，但非常不能接受自己自慰，觉得自己真是表里不一。他一方面压抑自己的欲望，一方面又控制不住，事后却自责不已。觉得自己意志力薄弱，不是一个好学生。

在实践中发现，强迫症患者往往是一群对自己不接纳的人，性只是其中的一个方面。因为他们从小就没有被父母好好接纳过，学会了用挑剔、指责的态度面对自己。他们内心渴望强大自信，甚至是一个完美的人，而现实中往往胆小、敏感、自卑。把正常的变成了不正常，最终固定为症状。

缺乏安全感，不一定会发展为强迫症，只要他对自己是接纳的，胆小就胆小，自卑就自卑。只有对自己的不接纳，存在强迫与反强迫的冲突，才会发展为强迫症。

综上所述，笔者认为，强迫症的发病原因有生物因素，即先天的敏感细腻；更多的是后天家庭和社会环境因素。两者交互作用，形成了患者不安全的人格基础，幻化出复杂多变的症状表现。

得了强迫症怎么办

如前所述，强迫症患者的痛苦有四点：一是单纯的“怕”；二是对焦虑的焦虑；三是强迫与反强迫；四是完美主义引起的内心冲突。

其中第一点和第四点，是由于不安全的个性所致。一个来访者曾对我说：她之所以要做到尽善尽美，就是不希望别人挑她的错，不希望别人说她不好。显然，她内化了很严苛的客体，如果不做到完美，就会遭到严厉的批评。完美主义是保护自己的手段。

第二点和第三点是不接纳症状、不接纳自己所致。所以，第一步要做的就是接纳症状。

前面说过，强迫是一种非常痛苦的内心体验，要接纳谈何容易。然而不接纳就会让痛苦加倍，本来第一层那个单纯的“怕”就让人烦恼了，再加上第二层、第三层就会让烦恼变得更复杂。

有时候甚至患者都说不清楚自己是怎么了，就是很难受。强迫症患者就像惊弓之鸟，内心稍有风吹草动，即使是正常的心理现象，症状也会马上反扑，搅得内心不得安宁。

因此，无论是哪种感受、哪种痛苦，首先接纳下来，让它慢慢平静。就像一池水，你投一颗石子下去，水面起了涟漪，那么是继续向水里投石子，还是什么也不动?

要做到接纳，有很多细节需要注意。比如，对症状的发生、发展规律有更多的了解，不至于症状一出现就慌了手脚；对症状更要有觉知，培养觉知能力。

说接纳很难，难就难在强迫症引起的是非常不安、焦虑的情绪反应。这些情绪常常能强大到摧毁人的意志，让人无法行动。比如，一个来访者担心自己和人交往没话说、担心别人觉得自己奇怪、担心自己永远这样，不仅焦虑而且抑郁，更难以迈开行动的步伐。

关于情绪，森田疗法有很多说明，主要就是情绪是流动变化的，不去执着它，就会慢慢平复。神经质患者不能被情绪牵着走，要顺其自然，为所当为。森田提出的是忍受情绪，而新近的正念（mindfulness)提出观照情绪，不评判，去接纳。比忍受向前迈了一步，少一分煎熬，多一分面对。笔者也认为正念训练对强迫症患者、抑郁症患者处理情绪是很有帮助的。

行动，是强迫症患者康复过程中不可跨越的一步。正常人都是少想多做，想与做的比例可能是各占 50%，或者做的比例更高。而强迫症患者把大量精力耗在想上面，对于行动则充满顾虑。他们本身的个性常常是胆小、自卑、脆弱的，那么就无法在实践中获得锻炼和提高，理想之我和现实之我始终存在差距，只能自怨自艾。

经历的丰富，处理问题能力的提升，能够提升自信，不知不觉修复着自小缺乏的安全感；而胆小、脆弱、完美主义的人格特点，也在不断行动中得到陶冶和改变。神经症的康复一定是一个人的性格蜕变、再成长的过程，变化往往在行动中不知不觉发生。

还有一些强迫症更为复杂，可能和童年被遗弃、被虐待、被侵害的心理创伤有关。患者往往还有抑郁症状，这时采用精神分析和心理动力学治疗会更有帮助。

以上只是笔者对强迫症治疗的一些思考和思路总结，具体治疗过程还有很多细节。每位来访者的情况都不一样，需要具体问题具体分析。强迫症的治疗也不能一蹴而就，需要咨询师和来访者共同努力。

作者◎樊瑞娟，心理咨询师。

心理咨询治疗有哪些技术手段

王骏是一位资深的一线心理工作者。执业多年，广有经验。近日，本书编者张进对他做了一次访谈，集中指向心理咨询治疗中的技术性问题。本文的核心观点是：心理治疗不应该陷于门派之争，应采用“拿来主义”，整合各个流派技术为患者解决实际问题。

心理技术对心理疾病有多大作用

问：现在社会上对于心理咨询治疗技术干预心理疾病的效果，夸大和贬低两种情况都有。作为行业资深人士，您觉得其适用范围是什么？

答：心理咨询技术只擅长干预处理继发性（或称为外源

性），即由压力刺激造成的心理问题和疾病。对内源遗传导致的原发性心理疾病作用不大，但可以进行精神支持和情绪疏导。人得病了，躯体痛苦，心情也不好，经常是全家同时痛苦。心理陪护和疏导对此是有一定缓解作用的。

不过，即使是外源性的心理疾病，如果已经形成器质性病变，也得先用药治疗。因为所谓外源、内源，本身是有争议的。外源也有一定的内源成分，有时候很难弄清楚到底是外源刺激的结果，还是内源因素恰好在一个外在诱发条件下引发了疾病。

有的人在短期内承受了非常大的压力，或长期受压力刺激慢性折磨，最终出现心理疾病，这大概可以判断为外源。但外在压力刺激也并非一定会造成心理疾病，有时候也会产生生理疾病，如心脏病、高血压、胃病、肿瘤等，包括各种内分泌疾病。

能否这么理解：在压力刺激下，个体哪一部分先天脆弱，哪部分就先发病。这是从跳出心理治疗的角度来看的。打个比方，一个心脏病患者和一个腿部肌腱断裂过的人做激烈运动，保证一个是心脏病发作，一个将再次肌腱断裂。

问：具体到抑郁症和双相情感障碍，必须用药吗？

答：这要具体问题具体分析，要看疾病的严重程度。如果是双相，或是抑郁症到了中后期，患者存在自杀风险，那就需要用药。目前的心理技术对这二者短期治疗效果不明显，尤其是双相，几乎见不到成功的案例；中长期心理治疗的时间是半年到几年，甚至十几年，在国内心理治疗没有医保的情况下，很少有患者能坚持这么久。

单相抑郁症在特定情况下可以自行缓解，一部分患者只要脱离了恶劣、疲累的环境，拥有精神支持，能够宣泄负面情绪，自身的免疫就会起作用，慢慢自然恢复。是长期陪护起的作用，还是心理医生的治愈作用，很难弄清楚。甚至有的患者没寻求任何帮助，慢慢也熬过来了。

问：就是说，病得重，就要用药物治疗；不那么重，就可以用心理治疗？

答：那也不是。症状的严重程度，和治疗的困难程度不一定相符合。

举一个例子：我在初学时接待过一个患者，女，30 多岁，已经抑郁了几个月，思维有一定程度的僵化，自己以前做的报表都看不懂，没法正常工作，自杀想法频繁出现。从症状上看，至少是中度偏重。我跟她谈了两次，每次两个多小时。当时我不懂任何心理技术，仅是精神支持和情绪疏导，纠正了一些负面认知。记得第二次谈话完毕后，患者拉开窗帘，打开窗户，意外地发现远处的景物变得非常清晰，而患病期间是模糊的。之后打电话来说症状消除了很多，可以正常上班了。我感叹自己运气好，对方拥有良好的免疫体质。

再举一个例子：从事心理行业七八年后，我接待过一个轻度抑郁症患者，心境一直低落，但读书、工作的社会功能正常，没有自杀念头。我给对方辅导了两个月，运用各种技术，认知领悟、修复创伤、“内在小孩”技术、家庭关系，等等。最后对方改善效果并不大。

也许是我的业务不精通，或是我这个人、我使用的心理技术不适合他。也许疾病是原发性的，等等。其他未知的原因，说不好。

心理疾病很难用检测生物疾病的方式，如抽血化验等，来检查病变的存在。高清 PECT 脑影像能看到严重抑郁症的脑器质性病变，轻度的看不清楚。

问：第二个案例治疗效果不好，是不是因为他的情绪没有得到宣泄？

答：应该有一定关联。但他待在自己的世界不愿意交流，萎靡不振，催眠也找不出引起较大情绪波动的事件。说话翻来覆去，问他到底想不想从这种状态下走出来？他愣了一下，说现在得了病没法出来，要出来得先治好病。就陷在这么一个思维死循环里。有几次难得让他产生点儿愉悦的心态，过两天又打回原形了。相处了两个月，觉得我看不好他，不来了。也许花上更长的时间会慢慢好起来，但只是也许。

患者和患者不一样。有的患者把情绪宣泄了，症状就缓解；有的患者即使缓解的力度很大，症状还是反复得厉害。有的患者也许是侧重器质方面的问题，导致反复焦虑和转抑郁。

有句话说：能治好的病人和治不好的病人数量一样多。我认为分为三部分：一部分能缓解十之八九的症状；一部分只能缓解一半；一部分缓解程度很低，可能终身要靠药物维持。越难治疗的，往往原发性质越严重。越专业的医生，后两者缓解治愈的概率越大。

心理咨询如何取得效果

问：接下来的问题是：心理技术起作用的机理是什么？它在现实中如何取得效果？

答：几乎所有的心理工作都需要建立信任关系、情绪疏导、创伤修复、不良认知和行为机制改变、家庭关系调整等。区别在于治疗师能力越丰富，对上述几方面干预越深。包括对不同的疾病症状的熟悉程度。

例如，严重的心理创伤，肯定不是常规心理疏导和精神支持能改变的。治疗师是否具备高超的创伤治疗能力，类似普通外科医生和外科专家的区别。心理创伤分为两类：能自我愈合、不能愈合而处于封闭淤积状态。后者才需要治疗。创伤的治疗并非直接展示和摘除，而是类似手术前的麻醉过程，运作非常复杂。并且，非常严重的心理创伤是需要药物治疗的。例如，地震灾区的灾民的创伤后应激障碍，往往是精神科医生、心理咨询师、社工，三位一体，同步协作。

问：我认为，发现自己认知扭曲相对容易，改变认知扭曲很难。这有什么好办法？

答：发现扭曲的方式是自省，也可以靠别人指点出来。改变的方式差别就大了。有逐步自省；有体验式认知；有时候需要心理老师来帮助操作。人是惰性动物，有时候就得旁边有人守着。而且，人的认知、行为、习惯机制往往整合成一个小系统，这里试图改变，那边给你整回去。要破掉，得给出整体规划。这个能力往往来访者不具备。

问：这些年来，心理分析流派和认知行为流派，在实际治疗中的地位此消彼长，如何认识这个变化和评论这两大流派？

答：认知行为流派擅长通过短期治疗改变症状，如恐惧症、强迫症、抑郁症、焦虑症等，这方面有很多医疗论文数据；精神分析擅长做长期人格成长，分析调整家庭关系。在改变疾病症状方面，主要靠来访者自身达到痊愈，效果来得慢。但精神分析对咨询治疗师的共情敏感度、分析力、观察力的训练，起到重大作用。10个咨询治疗师中，至少有5个在长期学习使用精神分析，因此有“精神分析占据半壁江山”一说。

总体上说，各个流派的功能整合是今后心理咨询治疗行业的大道。

问：对心理咨询治疗来说，患者对医生的信任至关重要。为什么患者的信任能对治疗起到巨大的作用？机理是什么？

答：建立信任关系是心理工作的第一个步骤，就像上楼梯的第一个台阶。

建立信任关系，最重要的是安全感。之前我是处在恶劣的环境里，一直压抑着。只有我跟你在一起才感到安全，你营造了一个温暖、人性化的环境接纳我，我才敢把内心的秘密告诉你，才能够顺利宣泄负面情感，获得精神支持，才有后续的工作。尤其是未成年人，若没建立好信任，几乎没有下一步治疗的余地。成年人即使不太信任，本着对自己健康负责的心态，也会进行一定试探的配合。一小部分来访者仅靠精神支持和情感宣泄就能缓解症状。

影响建立信任关系也存在一些障碍。

一是性别和年龄的适应差异。若女性当事人遭遇性侵犯，治疗师同样是女性才相对适合；若双方年龄差异较大，尤其是来访者年龄比治疗师大很多，信任关系很难建立。

二是技术的差异。有的来访者对治疗师的某些技术不适应，自然不相信其能力。

三是文化水平的对等。相同的文化背景才能顺利沟通，这有不同社会层面、不同年龄段、不同地域的文化差异。

四是人格魅力差异。人格魅力又称为气场，若来访者为治疗师的人格魅力所吸引，后面的工作开展则容易得多。这有光环效应的存在。有的来访者对治疗师的形象、地方口音等较为挑剔，这种不适应会破坏效果。

当然并非所有的流派都需要建立关系。单纯的行为疗法就不怎么需要。例如，治疗恐高、恐猫、恐狗等。家庭系统排列更不需要，和全体观众做几分钟热身即可。

问：“建立关系”这一块，其实也是心理治疗的一部分，您在实践中有哪些方法？

答：我常用的是绘画、催眠、意象对话等一些简单技术，在几分钟内让来访者感到神奇。凭纸面上几个简单的线条、脑子里面的几个图像，就能说出他们的一些思维状态。或是无须解释分析，直接让来访者的内心感到舒适。当来访者在几分钟内就感觉到症状在良性变化，自然会增加信任度。

问：这似乎很神奇。能否举例？画什么样的线条？对应什么图像？

答：画图是“房树人”技术。只要来访者简单随意勾勒出几笔，房子、树木、人，就可以大致推测出来访者目前的心理状态、个性。这属于投射测验，把人的一部分内心投射在纸张上。网上这方面的资料非常多，很多人都是自学。

后者则是催眠和意象对话技术等一些简单技术。先预设一个场景，让来访者想象。不同的来访者想象出的画面有很大的差异。在这个过程中，不断提示来访者，如何逐步修改它们，来访者会感觉到身体、头脑逐步变得轻松舒适。

心理治疗的各种流派需要整合

问：很多心理学门派的逻辑只是一个猜想，到底是不是真实的？不能确定。既然如此，我们给患者治疗，不应该陷于一个门

派，应该是“拿来主义”，什么好用就用什么，尤其不能排斥、攻击其他流派。您同意吗？

答：这涉及如何整合各个流派技术用于实践。包括一些无意识治疗流派，其具体运作过程也可以逐步讲清楚，用于整合。

说一个案例：有个来访者，在职场中交往能力差，有社交恐惧。经追溯查找，和他有一个严厉的父亲有很大关联。我在催眠中，让他和父亲逐步拉近距离，通过各种互动、对话，慢慢消除与他童年成长期的恐惧记忆相关联的条件反射机制。这是在催眠中实施行为疗法、体验式认知。

同样，对于恐猫、恐狗等恐惧症，也可以采取相同的方式来互动、脱敏。催眠师可以任意制造这些场景。

问：直接跟他父亲谈，让他们父子互动不是更好吗？

答：在现实中有困难。有的家长有不良嗜好，酗酒、赌博，有的甚至在坐牢或已经去世，很难互动。许多家长年龄大了，文化素质低，不相信心理学，认为小孩找心理医生是吃饱了撑的，没事找抽，被医骗忽悠。试图说服家长来配合，要付出更多的努力，还不一定有结果。

家庭系统排列流派在运作的时候，还专门有要求：舞台上的父母只能用观众来替代，不能让亲生父母上场。或是排列将近结束的时候，才让父母上场。

若来访者已经成年，脱离了原生家庭，独立生活，要去掉的是早期的不良记忆、认知，以及一部分错误的条件反射机制

（行为习惯），不一定需要家长参与。

家庭系统排列应该属于家庭治疗的范围，其中有角色扮演的元素，但不是心理剧这种预先编排模式，而是一切自然运作，让“家庭能量场”的力量作用到舞台上的每个人。

问：刚才您提到“无意识治疗流派”，具体指什么？

答：催眠、意象对话，绘画、沙盘、家庭系统排列，都属于无意识治疗流派，在非理智的状态下运作。来访者往往弄不明白自己是如何恢复的，也不需要让他们知道。

例如，来访者是一名中学生，男孩，家教非常严厉，缺乏正常的异性交往，导致严重的性压抑。在意象对话的过程中，意象师让他想象一只蜜蜂在花园里面，突破重重阻碍，最后成功采到花蜜。在人的内心的隐喻投射中，采花的蜜蜂可以用来象征男人（古代小说中就有“采花贼”一词），花朵可以用来象征女性生殖器，采花蜜象征性交、性能量的宣泄。最后该男生一身轻松地离开了，虽然他从头至尾不知道发生了什么，只知道自己和心理老师一起编排了一个童话故事。这种故事也无须跟他解释。因为一解释就跑到理智上去了，然后会遭遇道德伦理的冲突。这类技术可以很好地绕开家教伦理，等孩子成人后，这种伦理约束也就自然解除了。

此外，沙盘和绘画治疗是把来访者的负面记忆影像，从脑海里面迁移到沙盘上、纸张上来实现改变；心理剧是把它们搬到现实舞台上，进行场景再现和修复。这些技术，可以认为是认知和行为的多重组合和提升。

问：您能根据个人实践，对常用心理咨询和门派作一个简单评述吗？

答：目前心理技术门派有几百种，基本上就这么几大类：认知分析类、行为类；催眠和意象对话类、沙盘治疗、绘画治疗；家庭治疗类；以及一些物理疗法，如肌肉放松技术、呼吸技术。

认知与行为，在具体治疗过程中，两者往往很难区分开来。认知有单纯语言类的沟通和体验式认知两种。例如，爸爸告诉乱花钱的孩子，自己做生意赚钱多么不容易，孩子可能不太明白。若家长带孩子去生意场，亲眼看见客户是如何刁难自己的爸爸；要结一笔账，如何一趟趟跑到客户那里都拿不到钱，这种体验式的认知对孩子的触动相当大。这里面就有行为疗法的元素。认知和行为往往是同时运作的。

认知与分析往往也难以区分。比如，一个女性抑郁症案例，她受到多重打击后，产生了“自己命苦，总是被遗弃，活着没意思”的错误理念，无论怎么分析，最终的目的，肯定是要让她改变这个错误认知，让她思维开阔，获得人格成长。认知改变有浅度和深度的区分，语言类的认知改变较浅，图像场景、行为体验式的认知改变较深。

人格成长，是一切心理与教育成长的最终目的，不限制在某个心理流派。

森田疗法，以我的经验看，也属于行为疗法，采取的是消极行为（不作为）的理念和方式，对强迫症和焦虑症症状持接纳的态度，顺其自然一段时间，症状自然消除。当症状逐步消除的时候，人的许多不良认知也会同步改变。

催眠与意象对话有很多类似之处。两者都是进入半睡眠状态，区别是深度和广度。催眠的深度更深，意象对话的广度更广。二者用于心理工作，前者是调出来访者相对真实的浅层、深层记忆，进行场景再现和修复，实现再认知；后者则是利用“类似即就是”的原理，构建性质类似的童话场景（例如，被人伤害过，在意象场景里面，害人者变成大灰狼的形象），再进行修复。若是意象对话做得较深，二者就没有多大区别了。

催眠和意象，二者都有一定的生物修复功能。催眠关闭痛觉的功能，对躯体化症状会有一定的改善。

对话者◎王骏，资深心理咨询师；张进，本书编者，“渡过”公众号创始人。

纠正认知误区，收获安好睡眠

睡眠需要“8个小时”这个观念对不对？我们一天到底需要睡多久？本文作者胡俊武告诉我们关于睡眠的认识误区。

前段时间，有一个患者咨询我：“胡医生，睡眠不足怎么办？”

我首先会问：“你怎么判断你睡眠不足？”

教科书上的答案是：睡眠不足是由于各种原因所导致的睡眠时间、质量不足，且引起白天精力不足、精神不好，无法正常学习、工作和生活的一种现象。

我们一天需要睡多久

因此，判断睡眠足不足，表面看时间，深层看质量，综合看效果。

很多人心里都有一个先入为主的观念：睡眠需要“8 个小时”。这个观念对不对？

答案是：不准确。“8 个小时”只是一个泛泛的说法，正常成年人的睡眠需要量是因人而异的。有的人可能需要睡 9~10 个小时才够，有的人却只需要睡 6~7 个小时。睡眠足不足的重要标准，就看第二天白天精力是否充沛。

睡眠需要量跟年龄有关。儿童、青少年处于身心发育的关键阶段，通常需要 9~10 个小时的睡眠；老年人常常有些白天的碎片睡眠，晚上的睡眠需要量就会相对减少一些。

并不是所有人都需要睡 8 个小时。“8 小时睡眠”只是人类睡眠的平均数，并不是金标准。通常情况下，大多数人睡七八个小时就足够了，一小部分人可能需要睡更长的时间。有些人如爱迪生、拿破仑每天只睡 4~5 个小时就够了，而爱因斯坦则要睡 10 个小时才能正常工作。

“8小时睡眠”误区

举一个现实生活中的例子。

有一位自认为失眠的女士前来门诊求助，她是一位年轻的妈妈，30 岁，公司职员。

“医生，我失眠了。”

“怎么失眠的，能具体说说吗？”

“我每天早上 6 点就要起床做早餐、送孩子上学，然后自己才上班。为了让自己每天能睡够 8 小时，我每天晚上 10 点上床，可是总要熬到差不多 12 点才能睡着。”

“那你觉得睡着以后睡得怎么样？”

“睡得还算可以，早上也不用闹钟，到 6 点自然就醒过来了。”

“哦，那你觉得白天的精力、情绪怎么样呢？”

“精力倒还算可以，就是担心如果睡不够的话，自己的健康状况会受到什么影响。”

通过进一步的睡眠相关问题的询问和检查，均没有发现这位女士有什么明显的异常表现。

她明白了自己的“失眠”是对“8 小时睡眠”的误解造成的，原来的紧张和担心都消除了。回家后，调整了自己的睡眠时间，睡眠情况有所改善。

真实的“睡眠不足”有哪些原因

可见，上述女士自诉“睡眠不足”其实是一种焦虑。那么，真实的睡眠不足有哪些原因？

1. 现实、环境原因。比如，学习熬夜、值夜班、夜间需要哺乳等。这类睡眠不足的解决需要依靠现实生活状态的改变。

2. 某些躯体或精神疾病原因。比如，因抑郁症、焦虑症、强迫症、双相情感障碍、精神分裂症等引起的入睡困难、易醒、早醒等。

3. 一些睡眠疾病。比如，睡眠呼吸暂停综合征（打呼噜）、周期性肢体运动障碍等。

4. 安眠药滥用。一些长期服用安定类安眠药的失眠者的慢波睡眠（有质量的深度睡眠）比例严重缺乏。

想要睡足怎么办

首先，有病治病。

如果有原发病，一定要治疗。比如，躯体疾病（常见的有心肺疾病、关节炎、癌症、胃肠疾病、肾功能衰竭、甲状腺功能亢进、帕金森病等）。

还有精神疾病，包括抑郁症、焦虑症、强迫症、双相情感障碍、精神分裂症等。

例如，有人阶段性晚上睡得很少，而白天精力却显得过于充沛和旺盛，同时伴有整天心情都兴奋过头或者容易发脾气、社交活动明显增多、自我评价明显高过客观事实、做事冲动鲁莽不计后果、性欲亢进，就要怀疑是不是有“轻躁狂或躁狂”的可能。这时候尽快到精神专科就诊就非常必要。

其次，摆脱焦虑。

失眠可能是焦虑的继发产物。当人的警觉和唤醒状态在本应该进入睡眠状态的夜晚持续维持时，失眠就自然而然地产生了。

失眠状态使人的体力和精力无法得到良好恢复，无法进入正常睡眠状态的压力，同时不由自主地采取各种方法去试图摆脱失眠；可失眠往往挥之不去，应对失眠成了新的压力性事件，带来了新的焦虑，由此恶性循环。

摆脱失眠焦虑，可以从认知的角度进行调整。存在的就是有理由的，焦虑之所以是一种如影随形的适应性反应，其中一定有积极的意义。焦虑既然挥之不去，就不要试图摆脱或消除它。不如化敌为友，顺其自然，接纳它，善待它，带着它上路，和它一起应对压力性事件本身，而不是去关注焦虑本身。

最后，养成好习惯。

如果原发病治好了，或者没有病，就需要养成良好的睡眠卫生习惯。包括：

1. 每天早上按时起床，一周 7 天都如此；

2. 白天保持清醒，不要小睡，如果有午休的习惯，建议不超过半小时；

3. 晚上如果没有睡意，不必提早上床，而是等到睡意来了再上床；

4. 不在床上做与睡眠无关的事，床只是用来睡觉的地方；

5. 每天花一些时间运动，但睡前两小时不要做剧烈运动；

6. 午后不喝含咖啡因的饮料和食物；

7. 睡前不要吃太饱或者让自己太饿；

8. 正确使用安眠药，目前可以选择使用的安眠药种类很多，为了保证其安全性和有效性，一定要根据具体的病情在专科医师的指导下来使用。

作者◎胡俊武，中山市第三人民医院睡眠医学科主治医师。

康复是精神疾病患者毕生的功课

北京大学第六医院副院长姚贵忠长期从事各类精神疾病的临床诊疗、社会心理康复、家庭干预以及社区防治的实践与研究。本文是本书编者张进就抑郁症康复等问题对姚贵忠大夫的专访。他的核心观点是：康复是一个成长的过程，是患者自己在二次成长。得了病，有些功能会退化，于是要重新成长。

康复意味着患者回归社会

问：姚大夫，在国内精神科医生中，您总是特别强调“康复”这个概念。请问治疗抑郁症，患者的社会心理康复有什么样的重要性?

答：抑郁症的治疗，有“临床治愈”和“彻底治愈”两个概念。所谓“临床治愈”，是指解除症状，让患者不那么痛苦；而“彻底治愈”，则是指患者获得正常的生活、工作功能，成功回归社会。

一般来说，临床治愈是彻底治愈的前提和条件。没有临床治愈，就谈不上彻底治愈。但从临床治愈到彻底治愈，还有很长很长的路要走。后者就可以理解为康复。所以说，康复是精神疾病患者毕生的功课。

问：为什么康复这么困难？

答：这涉及对抑郁症的理解。到目前为止，人类对抑郁症的病因还没有非常确定的说法。一般认为有三大致病因素：生物因素、心理因素、社会因素。遗传属于生物因素，有可能导致神经递质改变；个性则是心理因素和社会因素交互作用的结果。

有鉴于此，抑郁症治疗一定要药物治疗和心理治疗并重。轻度抑郁症患者可以不吃药，有的人外因明显，如果外在刺激去除，再通过心理治疗甚至自我调整，慢慢就缓解了。

但也有很多患者，无论怎么用药，无论怎么进行心理治疗，也看不到效果。怎么办？这就要引入“康复”这个概念。

康复是一个过程，很多人觉得它是后期的事情，这是不对的。从病的治疗上看，康复是一个理念，着重功能的恢复。有的患者，明明病已经好得差不多了，但什么都不能干，这其中很可能有心理的因素。

所以，康复就是让病人恢复正常的社会生活。临床治疗，主要靠药物干预。而康复则是药物治疗、心理治疗并重。患者只要从重度抑郁中走出来，虽然还有症状，就可以进入康复期了。也有的患者，临床治愈后希望去工作，但单位的岗位已经失去了。这就要呼吁社会，理解抑郁症，给患者提供机会。

问：重度抑郁症患者能不能做康复治疗？

答：重度抑郁症患者，有的连语言交流都困难，有的还会有一些妄想。这时候还不具备做康复治疗的条件。

问：有些患者，什么也不能干，不愿意起床，不愿意洗澡，属于重度抑郁吗？

答：有些属于重度抑郁，有些属于精神分裂，也有的只是懒散。如果是前者，就需要做康复训练。

循序渐进，逐步达到目标

问：如何进行康复训练？

答：我现在比较认同的是认知行为疗法。一是怎么看待疾病，二是如何看待自己。从这两方面进行调整。

认知疗法和思想工作不同。这不是简单的反思。不是站在道德的角度，提高道德修养。认知疗法只讲适应社会。前提是要能够获得快乐，恢复社会功能。

关于行为治疗，我们只是指导患者，在康复期需要注意哪些问题。比如运动疗法，有研究认为，运动可以增加大脑神经递质的活性。

问：不过很多患者不愿意运动，这可以强制吗？

答：我觉得抑郁症患者不能太闲着。要累一点儿，不然多巴胺释放不够。当然也不能过度。

我觉得，可以让患者进行有半娱乐性的锻炼。这比自己一个人锻炼好。半娱乐性锻炼有一定的竞争，还能够带来人际交流。抑郁症患者在这方面是欠缺的，要帮助患者建立人际交往圈子。把运动和个人兴趣结合起来，是一举两得乃至多得。

只要是自己喜欢的运动，患者就不会觉得太累，也能够坚持下去。

问：您平常是如何进行康复训练的？

答：康复疗法，最重要的是建立信任关系。重在持之以恒，不断推动患者朝前走。

在具体实践中，我会开一个“康复处方”。这可以细化为很多步骤。

第一步，评估病情、评估资源。看一看，患者有哪些可用的资源，有哪些优势和劣势。

第二步，三方会谈，即患者、家属和医生坐在一起，告诉患者，他有哪些资源，下一步应该做什么。

第三步，制订具体的康复计划。这个计划，要具体、可操作、可检查。比如一个患者，不愿意运动，那就从简单的做起，每天散步 10 分钟。把这个记在病历上，下次检查执行的情况。也不用太勉强。如果他执行不了，没关系，下次调整；如果做得很好，下次就增加强度。视患者的情况不断调整。

问：具体到操作中，要掌握什么原则？

答：我掌握的原则是，循序渐进。康复处方上最多提三条，一定要非常具体、可操作、可检查。

比如，有的患者懒散。于是，通过协商，引导患者承诺做一些事情。不强迫，一定是自愿的。做饭不行，买菜；买菜不行，洗碗；洗碗不行，只洗自己的碗；一周三次不行，一周一次行不行？就这样协商，不能强加于他。

康复是一个成长的过程。没有几个疗程这个概念。患者自己在成长，是二次成长。你得了病，有些功能会退化。于是要重新成长。

给患者列一个目标。从近期目标到远期目标，都可以列出来。问患者，这是你现在要解决的问题吗？每天念报纸行不行？如果你能大声朗读，你就有信心了。接着就可以设定一些更大的目标。把大的目标切成一个一个小的目标。

问：抑郁症患者一般都恐惧社交，也是最难改善的。

答：这就要具体分析：如果患者社交有困难，他是在哪一步有问题、有困难？可以把社交分成几个小的步骤：第一步，接收信息；第二步，表达信息；第三步，交互信息，人家说一句你就说一句；第四步，适应环境。四个步骤，越来越难。

具体到第二个步骤，表达信息。这又可以分成很多层面逐步恢复。

第一步是朗读，这个相对容易些；第二步是复述，重复一遍，这比朗读要难；第三步是重构，我说一段话，你来总结；第四步，最难的，是自发的言语。患者开始产生想法，要把它说出来，还要考虑先后顺序如何把握。就这样一步一步训练。

家属应如何提供支持

问：患者家属在康复训练中，应该怎么做？

答：家庭提供支持，对于患者的康复非常重要。

首先要区分患者的轻、中、重程度。对于重度患者，以陪伴为主，减少说教，不做思想工作。默默陪伴，有需要时就提供帮助。不要提指导性的意见。

对于轻度患者，你要了解他想要什么。可以谈得比较深入，但重在倾听。切忌以社会的标准去要求他。在他需要的时候，帮助他厘清思路，把想法转化为行动。

比如，患者想听歌，就鼓励他去做。后来他听到自己点的歌被播放，就会有成功感。就这样循序渐进，把目标分成一个一个小的步骤，每个步骤都能给患者提供成功的感觉，再做下一步。是推，而不是拉。

问：最后一个问题，康复训练阶段需要用药吗？

答：当然，有的患者，终身都需要服药。

抑郁症患者的用药比较复杂，比较难掌握。这是因为对于抑郁症的病因还有很多方面看不清楚。

比如，都说抑郁症的生化本质是神经递质失衡。但神经递质有很多种，彼此会交互作用。是不是抑郁症一定是神经递质分泌不足？不一定。神经递质多了，并不代表不发病，少了也不代表一定会发病。它有一个平衡的作用。而且每种递质还有不同的亚型。所以非常复杂。

用药还要区分双相和单相。双相比单相难治，主要是不稳定。而且所用的药，又会造成药源性效果。许多病人是双相，用抗抑郁药控制住了，应该停药，但不敢停。因此把握火候很重要。

对于抑郁症药物治疗，目前只是对症治疗。什么时候能够做到对因治疗？尚不确定，这需要医学界各位同人的共同努力。

被采访者◎姚贵忠，北京大学第六医院副院长。

康复是一个过程，很多人觉得它是后期的事情，这是不对的。从病的治疗上看，康复是一个理念，着重功能的恢复。

中国精神卫生领域的今天和明天

在中国精神卫生领域，陆林无疑居于领头人地位。他是中国精神卫生领域唯一的中科院院士，又担任北京大学第六医院院长、国家精神心理疾病临床医学研究中心主任、中国疾病预防控制中心精神卫生中心主任，还是国家自然科学基金委创新研究群体学术带头人、教育部长江学者特聘教授、科技部973计划项目首席科学家。也因为此，他不仅在医学上造诣精深，同时还对中国精神卫生领域的宏观和大势，有着深刻的思考。

近日，我有机会采访陆林院士。要谈的话题很多，我没有立刻进入具体专业领域，而从中国精神卫生领域的现状、存在的问题谈起。因为只有立足现实，才能看清来路，明确目标，从而为这个行业规划一个可预期的未来。

中国精神疾病的患病率呈上升趋势

张进：近年来，中国社会变化迅猛，人们的生活节奏不断加快。很多人都感觉到，精神疾病的患病率呈上升态势。不知道这个现象观察是否符合实际情况？您能提供几个权威数据吗？

陆林：中国精神疾病的患病率的确呈上升趋势。流行病学调查显示，中国成人精神障碍的患病率为17%左右，这还不包括睡眠障碍及儿童精神障碍。其中焦虑障碍12个月患病率约为5%，心境障碍（以抑郁症为主）12个月患病率约为4%，65岁及以上老年期痴呆的终身患病率超过5%。

2018年9月，世界卫生组织还发布了一个关于酒精滥用的报告：在全球范围内，酒精使用障碍的发病率呈下降趋势，只有两个国家是增加的——中国和印度。这个反差，对我们是一个讽刺，应该引起关注。

张进：精神疾病患病率上升，对整个经济、社会带来什么样的影响？

陆林：在我国，由精神疾病导致的疾病负担占非传染性疾病总负担的13%，给社会和家庭带来了沉重负担。从全球范围来看，精神疾病的负担仅次于心血管疾病和癌症，为第三大疾病负担源。

精神疾病对青少年及年轻人，尤其是15~30岁这个年龄段带来的负担尤其显著。这一年龄群体正是社会建设的生力军。精神疾病对患者本人及整个社会的影响都很大。

张进：这样的态势下，我们的应对能力如何？

陆林：过去十年，中国精神科床位数增加很快，由 22 万张增加到 43 万张。2016 年底，中国精神科医生有 3 万多人，2017 年底增加到 3.3 万人；2018 年，通过转岗培训，又增加一些，现在大约为 3.4 万人。

尽管有所进步，但从需求来看，医生规模还是远远不够的。我们至少要有 4 万名精神科医生，才能满足基础需求；至少需要 10 万名精神科医生，才能真正地满足社会大众的需求。

以美国为例，其人口只是我们的四分之一，但注册精神科医生数量和我们相当，有 3 万多名。此外，他们还有临床心理治疗师 20 万人。但我们合格的、在医院工作的临床心理治疗师，不超过 5000 人。

张进：刚才您说的是医生的整体数量。除此之外，结构不平衡恐怕也是一个问题。

陆林：是的。中国精神卫生资源分布不均衡。接近一半的床位、医生、护士集中在东部，西部精神卫生从业人员明显不足，缺乏经过训练的医生和护士。过去，西部有很多县的医院，连一个精神科医生也没有，现在的情况略有改善，但也好不到哪里去。北京、上海和省会城市，诊疗水平与发达国家可能没有太大差别，但基层差距很大。

此外，目前还存在对精神疾病的识别率低、误诊率高等问题。当然这是一个全球范围内的问题，根据英国2009年的数据，抑郁症的正确诊断率也才43.7%。

中国的问题就更加突出了。2008年WHO的数据显示，全球精神障碍识别率在50%左右。上海作为研究中心之一，精神障碍的识别率最低，仅为16%。

所以，我们现在需要“强基层”，针对基层进行培训，提高基层医生的数量和水平。这是当务之急。

精神疾病治疗难度更大

张进：这些年，我也接触过许许多多从全国各地来北京治疗的患者。他们的病往往迁延多年。和躯体疾病相比，精神疾病的治疗似乎难度更大。为什么？

陆林：精神疾病的发病机制非常复杂，远远超过癌症、心脑血管疾病等。人类的器官中，最复杂的就是大脑。对于其他躯体疾病，我们了解得比较清楚，但对大脑的结构和功能，我们还知之甚少。

精神疾病的复杂性、病因机制的不明确性，提示我们需要从国家政策、专业领域等层面，重视精神医学。

张进：刚才说的是病因层面，这会影响诊断。在具体诊断和治疗方面，情况怎么样？

陆林：现有精神疾病的诊断标准（ICD和DSM诊断系统）都是依据患者的症状和体征做出临床诊断，带有很大的主观性。

很多精神疾病患者接受治疗效果不佳，给精神疾病的临床诊疗带来很大挑战。

目前精神科的治疗手段非常有限。刚才说的是药物治疗，除此之外，心理治疗开展得非常不好，这与医保定价及伦理制度的问题等有关。

2017 年，为规范心理咨询和治疗行业，人社部停止认证心理咨询师资格。建议卫健委应像管理医生一样，将临床心理治疗师正规地管理起来。这样，临床心理治疗师才能为患者提供有效的服务。

如何提高精神疾病诊疗水平？

张进：那么，在现有条件下，应该怎么办？

陆林：我们需要采用一些新的观点去理解精神疾病。

比如，精神疾病不仅仅是脑部疾病，还可能是全身性的疾病。有专家认为，精神疾病患者不只大脑出现紊乱，全身也会出现很多问题；一个有趣的研究发现，食品防腐剂可能有助于治疗难治性精神分裂症，将来在临床中或许可以尝试。

此外，中国研究团队还找到了我国女性抑郁症患者新的致病基因，这一成果发表于 Nature 杂志。

因此，我们要将新技术、新进展纳入精神科，包括大数据的理念等。精神疾病的诊断、治疗缺乏规范和客观标准，大数据能够帮助我们提高诊疗水平及服务效率。

我们还要强调学科交叉，包括遗传学、基础研究等，这样精神病学才会有更好的未来和发展。

张进：这方面有具体成果吗？比如能不能发明一些快速起效的药物？

陆林：目前的抗抑郁药起效较慢，往往需要 1~2 周以上。最近，浙江大学胡海岚教授团队在 Nature 杂志发表了两篇文章，强调新型药物可快速改善抑郁症状，甚至在两分钟内即可起效。针对存在自杀观念的患者，经鼻腔给药即可消除自杀观念。未来此类药物有望进入临床，制成鼻喷剂，用于抑郁症的治疗。此外，我们研究团队也发现了一些新的可发挥快速抗抑郁作用的药物靶点。

孤独症方面，中科院研究团队在全球范围内首次做出了孤独症的灵长类动物模型，有助于研究发病机制及研发新的药物，以治疗和干预孤独症患者。

在注意缺陷多动障碍（ADHD）领域，国内研究者发现 ADHD 的发病过程中既有遗传因素的作用，也存在大脑皮层迁移异常。上述结果有助于加深我们对 ADHD 的理解和关注。

张进：精神疾病也可以用物理手段治疗。这方面中国开展得怎么样？

陆林：这方面开展得不够好。过去，精神疾病的外科治疗主要依靠脑区毁损，因此很多人对外科治疗存在偏见。

但事实并非一般人想象的那么可怕。循证证据表明，一些新的物理治疗方法，包括神经调控技术，如 rTMS（重复经颅磁刺激）、DBS（深部脑刺激）等治疗精神疾病是安全有效的。DBS对部分精神疾病效果确定，但精神科尚未形成共识或联盟。其他一些治疗对于难治性强迫症、癫痫、抽动秽语综合征、难治性精神分裂症等也有疗效，其中部分已被美国FDA批准应用于临床，进入了指南。这方面国内还需要更新观点和加强学习。

张进：近年来，您在睡眠与精神疾病治疗方面有很多研究，可以就这个问题分析一下吗？

陆林：我们的研究表明，睡眠状态下治疗病理性记忆相关精神疾病可能具有较好的效果。过去心理治疗强调在清醒状态下进行，最新科学研究证实，睡眠状态下也能进行心理治疗，而且这还不同于催眠。

这个发现是有意义的。对于不宜过度暴露于痛苦的患者，在睡眠的特定时期进行心理治疗是一个新选择。希望将来临床心理治疗方面的专家可以继续探索。

再说一点新的进展。我们团队今年还发表重要研究，提出：痴呆发生的一个主要原因可能在于睡眠异常。睡眠呼吸障碍、失眠等睡眠问题都可能是痴呆的发病原因。

因为睡眠对人很重要，只有通过睡眠，神经递质的代谢废物才能通过血脑屏障被清除出大脑；如果睡眠不够，这些代谢废物在大脑中沉积，可能是痴呆发病的原因。预防老年痴呆，睡好觉非常重要。如果睡不好觉，罹患痴呆的风险会显著增加。

睡眠障碍同样与抑郁障碍有关。如果一位抑郁症患者经过治疗，心境症状消失，社会功能恢复，但睡不好觉，此时抗抑郁药仍不能停。睡眠问题是抑郁复发的一个危险因素。

挑战和机遇

张进：刚才您分析了中国精神卫生领域的现状和问题。将来我们应该怎么办？

陆林：我认为人才培养是当务之急，包括高质量的、经过合格训练的医生、护士、心理治疗师、社会工作者等。这不是靠盖楼就能带来的，而是需要长期的培训。

按规划，到 2020 年，中国精神科医生的数量要达到 4 万名，现在还差近 1 万人。仅仅依靠规范培养来不及，每年我们只能规培 1000 人左右。因此还要吸引其他科室的人通过转岗培训到精神科。只有让优秀的人到精神科来，精神科才有希望。

心理治疗需要发挥作用。心理治疗应能解决 70%~80% 人群的精神心理问题，但我们很多精神专科医院没有一名正规的心理治疗师，即使有地位也不高。相反，社会上一些不正规的咨询治疗却呈泛滥之势。这是制度层面的问题，需要我们的管理机构重视起来。

张进：精神疾病治疗不仅仅是医学问题，同时也是社会问题。这方面需要做哪些调整？

陆林：近年来，精神医学取得了一些重要进展。我们认识到，精神疾病是非常复杂的，我们需要了解复杂行为的机制；需要记录精神疾病发展的轨迹，致力于精神疾病的预防和治疗；需要加强对公共医疗的科学研究。

精神科之所以需要高素质人才加入进来，原因在于我们不仅要治病，还要改变社会对精神科的看法。我们要努力对公共卫生及国家政策施加影响。一个好的医生应同时有能力影响政府的政策、影响公众。患者是无穷无尽看不完的，但如果影响了国家的政策，就能促进精神医学的发展。

与此同时，我们需要做的事情中，有一条不能忘记：要保护精神障碍患者的权益。

目前的精神疾病登记系统过分强调发现和登记患者，将轻型的、没有肇事肇祸风险的患者也纳入其中，给他们的日常生活如上飞机、上学等造成了麻烦，这是不合适的。我们需要找到一个平衡：既要防止重性精神患者肇事肇祸，又要保护精神状况稳定的患者的隐私和权益。

张进：总体来看，我们面临哪些挑战和机遇？

陆林：挑战很多，比如精神疾病的负担逐渐加重，精神卫生的资源相对短缺且分布不均，精神疾病的发病机制、诊断、治疗需进一步研究，且需要客观指标等。

我们也面临机遇：国家重视精神科，加大了投入；新技术对精神医学的发展可能起到促进作用；研究平台和数据库的建立，包括国家慢病计划，也将精神疾病作为主要疾病进行支持。

需要强调的一点是，当前政府对精神卫生服务的关注还相对被动。我们要主动与政府沟通，说服政府，让政府了解和支持我们的行业。这样，我们的行业才会有很好的发展，患者才能得到更多的帮助。

作者◎陆林，精神病学与临床心理学家，北京大学第六医院院长。

后 记

抑郁不是你的敌人

张　进

人类是上帝的杰作。上帝在造人的时候，或许考虑到子民的困厄，故预设了一套自我保护系统，让人类能够在严酷的丛林环境中生存下来，并不断繁衍、进化。惜乎人们不自知，经常误友为敌。

比如，恐惧。

恐惧是一种令人不快的情绪。美国前总统罗斯福在谈及“四大自由”时，其中一条就是“免于恐惧的自由”。但这是政治学概念的论述，从生物学意义上说，恐惧不可能“免于”。它是必不可少的“刺激—反应”形式，是物种能够在地球上生存的法宝。

以对蛇的恐惧为例。人类早年是在丛林度过的，蛇是丛林的主宰。漫长的岁月里，人类对蛇的恐惧如影随形，渐渐成为基因，铭刻在大脑深处。时至今日，蛇早已对人类不构成威胁，但多数人见到蛇，还是会产生本能的不适反应。

科学家发现，大脑有一个恐惧中心，获取环境信息，并与大脑的推理区域沟通，连接海马体。这个系统效率非常高，当遭遇危险，你的理性还没有来得及做出反应，恐惧信号已经在大脑危机系统之间传递了。假若反应能力不足，世界会因此变得更加危险。简言之，如果没有恐惧，人类早就灭绝了。

再如，疼痛。

疼痛更是一种痛苦的体验，很多三级甲等医院都设有疼痛科，目的不是治病，只是缓解疼痛。殊不知，疼痛也是一种自我保护机制。疼痛让你知道处于不安全的情境中，并迅速应对。

一个孩童，大千世界对他是陌生的。但如果不小心碰到火炉，他会立刻缩回手。这是因为，他的皮肤检测到危险信号，大脑迅速处理，将其转化成痛觉，发出指令，避开危险。这些都是在瞬间完成的，是人的本能反应。

我的财新同事王烁最近写了一篇文章，题为《胖瘦主要天注定，健康还能做努力》，其中有这么一段话：

> 基因漂移假说猜测，我们的祖先既不能太胖，那样既跑不动又太美味，很难活下来；又不能太瘦，那样很难活过食物匮乏的阶段。所以，他们的基因既会控制体重的上限，也会控制体重的下限。……不过，随着智人爬上食物链的顶端，人类成为猎物的危险越来越小，基因对体重上限的控制代代放松，然后，今天肥胖就成了全世界的问题。

你看，连肥胖问题，造物主都准备了这样一套精巧的自我调节机制，可想而知人类这台机器何其精妙而复杂。

回到本文的标题。读到这里，有心的读者大概能猜到我要说的是什么了吧？

是的，我要说的是：抑郁的本质是人体的自我保护。

没有人喜欢抑郁，但抑郁常常不期而至。抑郁症最常见的表现是：悲观；呆滞；情感低落；思维迟缓；运动抑制。病情严重时，患者什么也不想干，什么也干不了，连刷牙、洗脸的生活能力都丧失了。

这似乎是坏事。其实，抑郁的真相是：天长日久，你积劳成疾，生命能量逐渐流失，终于不能承受。这时，身体启动自我保护机制，强制休息，减少消耗，节约能量——这就是抑郁。

很多抑郁症患者都会把自己封闭起来，封闭是他对抗外部世界的本能防御方式。这并非他的主观意愿，而是生命的本能选择。

和抑郁相对的一面是躁狂。躁狂相的特征是兴奋、乐观、情感高涨、效率提高、行动力增强。这似乎是好事。但是，天下能有免费的午餐吗？

关于躁狂，我有一个比喻：人的生命好比一碗灯油，常人拥有的灯油是相近的。生命之灯能燃多长时间，取决于火苗有多旺。当处于躁狂相时，你的生命火苗会突然蹿高，光芒四射；可惜，好景不长，灯油被消耗得太快。这时，抑郁登场，调暗你的生命之灯，避免耗竭。无数血和泪的事实证明：在躁狂之后，必然有抑郁；躁狂有多高，抑郁就有多深。

我观察一些医生给双相患者用药，压躁狂压得很凶，提抑郁提得较缓。他们说：宁郁勿躁。原因是：躁狂是能量的透支和过度消耗，更需防范。

所以，抑郁好比冬眠，让你缩起来，降低消耗。待度过艰难岁月，再醒来。

正因如此，抑郁是可能自愈的。部分患者，抑郁到一定程度，生命能量会逐渐恢复。用他们的话说，“活过来了”。

但这是不是说：得了抑郁，不用管它，熬着，等着自愈就可以了呢？

不行。原因有二：其一，自愈耗时太长，这段日子太痛苦，不一定每个患者都能熬到；其二，所谓自愈，只是暂时解除临床症状，它会复发，好比一把悬在头顶的达摩克利斯之剑，不知道哪天还会落下。

所以，我不主张自愈，而希望患者能够借助科学的力量，综合求治。简单地说，就是顺其自然，为所当为，而不强作妄为。

做到这一切的前提，是正确地认识抑郁——它是结果，不是肇始；它是必然，不是偶然；它是朋友，不是敌人。接受它，善待它，告别它。

图书在版编目（CIP）数据

渡过2：接纳是最好的治愈 / 张进编. -- 北京：中国工人出版社，2022.4
ISBN 978-7-5008-7823-0

Ⅰ.①渡… Ⅱ.①张… Ⅲ.①情绪—自我控制 Ⅳ.①B842.6

中国版本图书馆CIP数据核字（2022）第040414号

渡过2：接纳是最好的治愈

出 版 人　董　宽
责任编辑　李　骁　宋　杨　杨博惠
责任印制　黄　丽
出版发行　中国工人出版社
地　　址　北京市东城区鼓楼外大街45号　邮编：100120
网　　址　http://www.wp-china.com
电　　话　（010）62005043（总编室）
　　　　　（010）62005039（印制管理中心）
　　　　　（010）62379038（社科文艺分社）
发行热线　（010）82029051　62383056
经　　销　各地书店
印　　刷　北京市密东印刷有限公司
开　　本　880毫米×1230毫米　1/32
印　　张　9.375
字　　数　190千字
版　　次　2022年6月第1版　2024年10月第4次印刷
定　　价　49.80元